玉米育种关键技术与实践探究

丁一 徐相波 等 著

中国农业科学技术出版社

图书在版编目（CIP）数据

玉米育种关键技术与实践探究/丁一等著. -- 北京：中国农业科学技术出版社, 2025.7. -- ISBN 978-7-5116-7511-8

Ⅰ. S513.03

中国国家版本馆CIP数据核字第2025719TK7号

责任编辑　王伟红
责任校对　马广洋
责任印制　姜义伟　王思文

出 版 者	中国农业科学技术出版社
	北京市中关村南大街12号　邮编：100081
电　　话	（010）82105169（编辑室）　（010）82106624（发行部）
	（010）82109709（读者服务部）
网　　址	https://castp.caas.cn
经 销 者	各地新华书店
印 刷 者	北京建宏印刷有限公司
开　　本	170 mm×240 mm　1/16
印　　张	13.5
字　　数	230千字
版　　次	2025年7月第1版　2025年7月第1次印刷
定　　价	58.00元

◆版权所有·侵权必究◆

《玉米育种关键技术与实践探究》
著者名单

主　著：

　　丁　一（山东省农业科学院）

　　徐相波（山东省农业科学院）

副主著：

　　徐立华（山东省农业科学院）

　　刘景文（山东爱农种业有限公司）

PREFACE 前言

  玉米作为全球最重要的粮食作物之一，在保障粮食安全、促进农业经济发展和推动生物能源产业方面发挥着不可替代的作用。随着全球人口的增长和气候变化的影响，玉米生产的可持续性和高效性成为农业领域重要的研究课题。在这一背景下，玉米育种技术的创新与进步显得尤为重要。现代玉米育种不仅需要满足高产、优质、抗逆等传统目标，还需适应现代农业的机械化、规模化和精准化需求。因此，深入研究玉米育种的关键技术，并将其应用于实践，是推动玉米产业健康发展的关键。尽管现代玉米育种技术取得了显著进展，但仍面临诸多挑战。首先，玉米种质资源的遗传多样性日益减少，导致育种材料的遗传基础狭窄，限制了新品种的选育潜力。其次，气候变化带来的极端天气、病虫害频发等问题，对玉米的抗逆性提出了更高的要求。最后，消费者对玉米品质的需求日益多样化，如高蛋白、高油分、高赖氨酸等特性，也增加了育种的复杂性。

  本书旨在系统介绍现代玉米育种的关键技术及其在实践中的应用，为玉米科研、教学和实际生产实践提供参考和借鉴。全书共分为八章，内容涵盖玉米主要性状遗传、种质资源、杂种优势、群体改良技术、诱变技术、单倍体技术、分子标记技术和基因工程技术等方面。每一章均结合理论与实践，深入浅出地阐述了相关技术的原理、方法及应用案例。

  第一章系统介绍了玉米质量性状和数量性状的遗传规律，以及遗传力和配合力的估算方法，为后续育种技术的应用奠定理论基础。第二章详细阐述了玉米种质资源的搜集、保存、鉴定、评价及创新利用，强调了种质资源在育种中的重要性。第三章从杂种优势的发现与利用、理论基础及预测方法等方面，全面分析了杂种优势在玉米育种中的应用价值。第四章至第八章分别介绍了玉米育种中的关键技术。第四章探讨了群体改良的理论与方法及其在育种实践中的应用。第五章介绍了诱变技术的发展、方法、材料选择与鉴定，以及突变体在育种中的应用与突变体库的构建。第六章系统阐述了单倍体诱导、鉴定、加倍技术及其在工程化育种中的应用。第七章详细介绍了分子标记技术的理论基础及其在玉米育种中的应用。第八章从转基因鉴定与安全评价、抗虫抗除草剂基因工程、耐盐耐旱基因工程、抗病基因工程及产量品质改良基因工程等方面，全面展示了基因工程技术在玉米育种中的潜力。

本书具有内容丰富、资料翔实、实践性强等特点。在编写过程中，笔者结合自身多年从事玉米遗传育种研究的经验，力求将理论与实践相结合，既注重理论知识的系统性，又强调实践操作的可行性。书中不仅介绍了现代玉米育种的前沿技术，还通过大量案例展示了这些技术在实际育种中的应用效果，为读者提供了宝贵的参考。

本书的编写得到了许多同行和专家的支持与帮助，在此表示衷心的感谢。特别感谢在玉米育种领域作出杰出贡献的前辈们，他们的研究成果为本书提供了丰富的素材和灵感。

由于笔者水平有限，书中难免存在不足之处，恳请广大读者批评指正。

著　者

2025 年 3 月

CONTENTS 目录

第一章　玉米主要性状遗传 ……………………………………………… 1
　第一节　玉米质量性状遗传 ……………………………………………… 2
　第二节　玉米数量性状遗传 ……………………………………………… 10
　第三节　遗传力与配合力估算 …………………………………………… 12

第二章　玉米种质资源 …………………………………………………… 23
　第一节　玉米种质资源的搜集与保存 …………………………………… 24
　第二节　玉米种质资源的鉴定与评价 …………………………………… 27
　第三节　玉米种质资源的创新与利用 …………………………………… 31

第三章　玉米杂种优势 …………………………………………………… 37
　第一节　杂种优势的发现与利用 ………………………………………… 38
　第二节　杂种优势的理论基础 …………………………………………… 42
　第三节　杂种优势预测 …………………………………………………… 50

第四章　玉米群体改良技术 ……………………………………………… 55
　第一节　玉米群体改良概述 ……………………………………………… 56
　第二节　群体改良的理论与方法 ………………………………………… 59
　第三节　群体改良利用 …………………………………………………… 67

第五章　玉米诱变技术 …………………………………………………… 75
　第一节　玉米诱变技术的发展概述 ……………………………………… 76
　第二节　诱变方法 ………………………………………………………… 80
　第三节　诱变材料的选择与鉴定 ………………………………………… 90
　第四节　突变体的应用与突变体库的构建 ……………………………… 94

第六章　玉米单倍体技术 ··· 99
第一节　玉米单倍体研究概述 ··· 100
第二节　单倍体诱导与鉴定技术 ··· 105
第三节　单倍体加倍技术与 DH 系测试 ··· 113
第四节　单倍体技术优化与工程化育种 ··· 119

第七章　玉米分子标记技术 ··· 125
第一节　分子标记技术概述 ··· 126
第二节　分子标记技术的理论基础 ··· 135
第三节　分子标记技术在玉米育种中的应用 ··· 148

第八章　玉米基因工程技术 ··· 159
第一节　玉米基因工程技术概述 ··· 160
第二节　转基因鉴定与安全评价 ··· 166
第三节　玉米抗虫、抗除草剂基因工程 ··· 170
第四节　耐盐耐旱基因工程 ··· 178
第五节　抗病基因工程 ··· 180
第六节　产量及品质改良基因工程 ··· 184

参考文献 ··· 189

第一章 玉米主要性状遗传

01

第一节 玉米质量性状遗传

玉米的质量性状是指由寡基因控制的性状。控制质量性状的基因都是主效基因，杂交后代性状按一定规律和比例分离，并且具有明显的差别。质量性状的变异往往表现为定性的差异。研究质量性状的遗传必须是两个具有相对性状的纯合亲本自交系，采用自交、杂交或回交的方法，详细观察记录自交、杂交或回交后代的性状表现型，根据表现型来确定所要研究性状的遗传基因型及其显、隐性关系。按照其基因型的遗传特点和显、隐性关系再进行分析，就可找出所要知道的研究性状的遗传方式。当认识了这些规律以后，就可以将之用于育种实践。

一、玉米籽粒类型的遗传

在关于玉米遗传性状的研究中，对籽粒性状遗传的研究是最多的。玉米许多遗传因子都能较为显著地影响玉米胚乳的质地与形状，从而改变籽粒的形态，这就是直观的基因效应。此外，玉米籽粒性状的遗传还与胚乳、种胚、母体基因型等密切相关。

玉米籽粒性状遗传的研究一般使用平顶或硬粒型籽粒，这是因为对这两类玉米籽粒的大多胚乳性状已经能够进行可靠鉴别。玉米的籽粒相对较大，通常一个果穗上可产出几百粒籽粒。并且，果皮的透明度高，能够直接观察到三倍体胚乳和二倍体胚芽，可以初步估算出性状分离的比例。

根据玉米胚乳的质地和籽粒形状的差别，可以将玉米籽粒分为糯质玉米、甜质玉米、脆质型玉米、蚀刻型玉米和坑凹型玉米、粉质玉米 5 种类型。这几种类型一般呈简单遗传，即由 1 对或 2 对基因控制。

（一）糯质玉米

糯质玉米是由外来引入的普通玉米经过隐性基因突变演化而来，也是我国各种玉米类型中唯一一个本土起源的玉米类型。糯质玉米遗传特性表现为自交纯合，当基因型为 wxwx 时，胚乳呈现典型的糯质特征，质地较为坚硬，支链淀粉含量接近 100%，用碘—碘化钾（I_2-KI）染色呈红棕色。当基因型为 WxWx 的普通玉米与糯质玉米杂交时，因为胚乳直感现象，杂交当代果穗籽粒表现为普通型，F_1 的果穗上的籽粒出现 3 普通（非糯）：1

糯质的分离比例。*wx* 基因位于玉米的第 9 染色体（9-03）。

（二）甜质玉米

甜质玉米籽粒因其独特的皱缩形态，在形态学上与其他玉米类型存在显著差异，便于分类识别。根据糖分含量和遗传特性，甜质玉米可细分为普通甜玉米、超甜玉米和加强甜玉米三大类。

（1）普通甜玉米的性状由隐性纯合基因 *su1*（位于第 4 染色体）或 *su2*（位于第 6 染色体）控制。可溶性糖分含量通常为 8%~12%。

（2）超甜玉米的性状则由隐性纯合基因 *sh2*（位于第 3 染色体）决定。在乳熟期，超甜玉米籽粒呈现富含流质的液囊状结构，淀粉含量较低，而可溶性糖分含量显著高于普通甜玉米，可达 18% 以上，且高糖状态持续时间较长。随着籽粒成熟，其表面逐渐皱缩，形成明显的凹陷和粗糙结构，进一步凸显其独特形态。

（3）加强甜玉米是在 *su1* 基因型基础上，通过引入糖分增强基因 *se* 实现了糖代谢的关键突破。*se* 基因通过未知机制抑制植物糖原合成，同时提升蔗糖积累（达 15%~25%），其兼具了 *su1* 的柔嫩性和 *sh2* 的高甜度。加强甜玉米的籽粒中度皱缩、半透明，形态介于普通甜玉米与超甜玉米之间。

在杂交实验中，当普通甜玉米或超甜玉米与马齿型或硬粒型普通玉米杂交时，由于胚乳直感效应，杂交当代果穗表现为普通非甜玉米。然而，F_1 植株自交后，果穗籽粒中普通非甜与甜质的分离比例为 3∶1。不同甜质基因型的玉米籽粒表现型各异。

在普通甜玉米自交系中，研究者发现了与 *sh2* 基因控制的高含糖量材料相似的遗传材料，这些材料由加强糖分的隐性基因 *se* 控制。*se* 基因是 *su1* 的主效修饰基因，仅在 *su1* 纯合遗传背景下表达，且与 *su1* 基因独立遗传。除此之外，位于第 4 染色体的 *bt2*（4-04）和位于第 5 染色体的 *bt1*（5-04）也具备调控甜质性状的功能。

在 *su1* 基因位点，研究者还鉴定出多个等位基因，如 *su-bb*、*su-am*（淀粉状）、*su-st* 等。其中，*su-bb* 基因表现为中间型；*su-am* 基因与 *du*（10-86）基因产生相互作用，无明显表型效应；*su-st* 基因产生淀粉质胚乳，为 *su* 的隐性基因。纯合的 *su2* 籽粒的外貌与纯合 *su* 相似，显示出基因型与表型之间的复杂关联。

（三）脆质型玉米

在玉米遗传学研究中，*bt*、*bt2*、*sh2*、*sh4* 4 个位点的突变均会导致相似的表型特征，主要表现为淀粉合成途径的显著紊乱，进而引发胚乳结构的脆弱性。这种遗传变异所产生的玉米类型被定义为脆质型玉米。通过对纯合 bt、$bt2$、$sh2$ 基因型玉米的观察发现，其胚乳在乳熟期呈现出流体状特征，淀粉含量显著降低；至蜡熟期，籽粒发生明显皱缩，表面结构呈现凹陷、脆性及粗糙等特征。

（四）蚀刻型玉米和坑凹型玉米

玉米籽粒表面蚀刻或坑凹现象的形成主要归因于发育过程中的异常机制，其遗传学基础尚未得到充分阐释。染色体基因 st 的突变可引发植株生长模式的紊乱，表现为局部斑块状发育异常，并进一步导致胚乳发育的不规则性，最终在籽粒成熟阶段呈现龟裂和凹陷特征。st 等位基因 st-e 的表达具有温度依赖性，仅在高温条件下影响胚乳发育。此外，蚀刻基因 et（3-210）与黄白基因 Vm（10-）同样可诱发胚乳龟裂现象，且这两个基因与幼苗叶绿素缺失存在关联性，表明发育缺陷对籽粒形态具有显著影响。

（五）粉质玉米

控制胚乳不透明性与粉质特性的遗传机制涉及多个关键基因，其中，o（4-118）、$o2$（7-18）、$o5$（7-33）、$o6$、$o7$（10-146）、fl（2-88）、$fl2$（4-60）等基因均发挥重要作用。当这些基因中的任意一对处于隐性纯合状态时，胚乳表现为不透明性状。

fl 和 $fl2$ 基因呈现显著的剂量效应。具体而言，当胚乳基因型为 $FL/FL/FL$ 或 $FL/FL/fl$ 时，籽粒为硬粒型；当胚乳基因型为 $FL/fl/fl$ 或 $fl/fl/fl$ 时，籽粒为粉质型。此外，o 基因的突变导致糊粉层组织中色素含量显著降低。$o2$、$o7$ 和 fl 基因在优化蛋白质中赖氨酸与色氨酸含量方面具有显著效果。蛋白质成分的改变不仅与 $o2$、$o7$ 和 $fl2$ 基因密切相关，还与 su、$sh2$、$sh4$、bt 和 $bt2$ 等修饰基因存在关联。$o2$、$o6$ 基因对 b-32 基因具有抑制效应。

二、玉米籽粒品质的遗传

玉米籽粒品质主要指淀粉、脂肪和蛋白质 3 部分的品质。

（一）玉米淀粉

淀粉是高分子碳水化合物，其化学本质是由大量葡萄糖单体通过糖苷键聚合形成的多糖化合物。从分子结构层面分析，淀粉分子主要由 α-1,4 糖苷键构成主链结构，同时存在少量 α-1,6 糖苷键形成的分支结构。基于分子构象的显著差异，淀粉可明确划分为直链淀粉与支链淀粉两种主要类型，其中直链淀粉约占25%，支链淀粉则占75%左右。值得注意的是，直链淀粉与支链淀粉的比例关系（A/AP值）是决定淀粉物理化学性质及工业应用特性的核心参数。依据这一比例关系，高淀粉玉米可系统划分为三大类别：混合型高淀粉玉米、高支链淀粉玉米以及高直链淀粉玉米，每种类型在工业应用中均具有其特定的功能价值。

直链淀粉是由葡萄糖单元通过α-1,4糖苷键线性连接，聚合度范围为100~6 000，其水悬浮液在加热过程中不发生糊精化，而是以胶体形式溶解，形成黏度较低且不稳定的溶液体系。当温度维持在50~60℃并静置较长时间后，溶液中会析出晶体沉淀，该过程具有可逆性。直链淀粉与碘—碘化钾试剂反应呈现特征性的纯蓝色。

支链淀粉的聚合度通常超过1 000个葡萄糖单元，其分子结构不仅包含α-1,4糖苷键，还通过α-1,6糖苷键形成分支。支链淀粉存在两种链长不同的分子类型，主链长度分别为12~20个和40~60个，平均支链长度约为18个葡萄糖单元，分支数量50~70个。支链淀粉与碘试剂反应呈现红紫色，易溶于水形成高黏度且稳定的溶液体系。尽管支链淀粉通常不具备明显的凝沉性，但其侧链间可通过氢键作用表现出微弱的凝沉现象。在加热条件下，支链淀粉吸水膨胀形成胶状糊化物，即糊化淀粉。仅在加压加热条件下，支链淀粉才能完全溶解形成黏稠的稳定溶液。

玉米淀粉作为一种多功能的天然高分子化合物，其应用性能的优化往往依赖于多种修饰技术的综合运用。从分子层面分析，玉米淀粉的修饰处理主要涉及化学、物理及遗传三大技术体系，其中化学修饰因其高效性和可控性，在工业应用中占据主导地位。从生物学角度考察，玉米淀粉主要富集于籽粒胚乳组织，其含量通常超过总干重的85%，这一特性使胚乳突变体的研究成为调控淀粉特性的重要切入点。目前，科研领域已成功鉴定并表征了多个具有隐性遗传特征的单基因胚乳突变体，这些突变体为深入理解淀粉生物合成机制提供了重要的遗传材料。

在分子遗传学层面，淀粉修饰型突变基因通过特异性调控淀粉合成途径中的关键酶促反应，显著改变胚乳组织中淀粉的理化特性与分子结构。以 wx 基因为例，该基因的突变导致直链淀粉的合成完全受阻，使淀粉分子几乎全部呈现支链结构。进一步研究表明，wx 基因型中与淀粉粒结合的淀粉合成酶活性显著降低，同时两种葡萄糖基淀粉合成酶的表达水平也出现明显下调。值得注意的是，该基因型中植物糖原分支酶的活性却呈现显著增强趋势，这一现象揭示了淀粉合成途径中复杂的反馈调控机制。这些发现不仅深化了我们对淀粉生物合成途径的理解，也为定向改良玉米淀粉特性提供了重要的理论依据。

（二）玉米脂肪

玉米籽粒中油脂的分布具有显著的空间特异性，主要集中于种胚部分，而胚乳中的含量则相对有限。玉米籽粒的含油量存在显著的遗传变异，其范围因品种和遗传背景的不同而呈现广泛差异。例如，旅大红骨高油玉米群体的油分含量为 3.47%~11.72%，而美国自交系的含油量为 2.0%~10.2%。

玉米油的脂肪酸组成具有高度复杂性，其主要成分包括软脂酸（16∶0，11%）、硬脂酸（18∶0，2%）、油酸（18∶1，24.1%）、亚油酸（18∶2，61.9%）、亚麻酸（0.7%）等。米油中不饱和脂肪酸的比例超过 85%，其中亚油酸含量高达 61.9%，使其成为一种营养价值极高的食用油。此外，高油玉米还富含蛋白质、维生素 A、赖氨酸及能量，进一步提升了其营养保健价值。

玉米油的品质主要取决于脂肪酸的相对比例，尤其是亚油酸含量以及油酸与亚油酸的比值。这些脂肪酸的含量不仅受多基因体系调控，还与特定主效基因密切相关。例如，第 4 染色体长臂上的隐性基因对高亚油酸含量具有显著影响，而第 5 染色体长臂上的基因则调控亚油酸和油酸的含量。软脂酸、油酸和亚油酸的含量主要由加性基因效应决定，这为玉米油的品质改良提供了重要的遗传基础。

（三）玉米蛋白质

玉米籽粒的化学组成中，蛋白质占比约为 10.3%，其分布具有显著的区域性差异。具体而言，胚乳部分蛋白质含量为 9.40%，而胚部蛋白质含量则高达 18.8%。玉米籽粒各部位的蛋白质组分存在显著异质性。在胚部蛋白质中，谷蛋白类（碱溶性）占比 54.0%，醇溶蛋白类（乙醇溶性）占比 5.7%，谷蛋白与醇溶蛋白的比值为 9.47。相比之下，胚乳蛋白质的组分分布则表现为白蛋白类（水溶性）占 3.2%，球蛋白类（盐溶性）占 1.5%，醇溶蛋白类占 47.2%，谷蛋白类占 35.1%，谷蛋白与醇溶蛋白的比值为 0.744。从营养价值来看，胚部蛋白质的品质显著优于胚乳蛋白质。

普通玉米全籽粒蛋白质的组分分析表明，醇溶蛋白、谷蛋白、白蛋白及球蛋白分别占总蛋白质的 55.1%、31.8%、3.8% 和 2.0%，其余蛋白质占比 7.3%。赖氨酸在不同蛋白组分中的分布差异显著，其在醇溶蛋白质中的含量仅为 0.3%，而在谷蛋白中则达到 3.6%。谷蛋白与醇溶蛋白的比值可作为衡量赖氨酸水平的重要指标，同时也反映了蛋白质品质的优劣。这一比值越高，表明蛋白质的营养价值越高，为玉米品质改良提供了重要的理论依据。

三、玉米籽粒色泽的遗传

控制玉米色素的基因已鉴定出至少 14 个，其中部分基因存在多个等位变异。这些等位基因在不同组织中表现出差异性的表达模式，并通过复杂的互作网络调控色素合成，构成了玉米色素遗传的复杂性。植株的正常绿色表型由 50 余个叶绿素合成相关基因共同调控，这些基因的突变可导致绿黄、绿白条纹等异常表型的出现。然而，花青素的合成会显著改变植株的色泽，使其呈现紫色或日光红色调。在叶片和茎秆中，花青素的合成主要受 A（基本色素基因）、B（色素加强基因）、Pl（Pl、pl 决定紫色素的合成，Pl 为紫色，pl 为日光红色）3 个基因的互作调控，这些基因在功能上表现出明显的互补效应。

玉米籽粒颜色的多样性源于果皮、糊粉层和胚乳 3 个组织中色素在质与量上的差异。胚乳颜色由 Y、y 位基因调控的叶黄素决定，其遗传基础为三倍体，Y、y 基因表现出明显的剂量效应，导致胚乳黄色存在深浅变化。糊粉层与果皮的紫色和红色表型则由 9 个花青素合成相关基因（A、$A2$、Bz、$Bz2$、C、$C2$、In、R、Pr）的互作决定。其中，In 基因作为 C、c 基因的抑制基因，在 CcInin 的 F_2 代有色：无色为 3：13 的表现分离。C 基因对 Pr、pr 基因具有隐性上位效应，CcPrpr 的后代表现出紫色：红色：白色为 9：3：4 的分离。这些复杂的遗传互作机制共同塑造了玉米籽粒颜色的多样性。

四、玉米叶绿素和类胡萝卜素的遗传

叶绿素作为绿色植物光合作用的核心色素，其分子结构与功能特性对植物生理机制具有决定性影响。在高等植物中，叶绿素主要呈现两种同系物形态：叶绿素 a 与叶绿素 b，二者在光合作用光系统Ⅰ和光系统Ⅱ中分别承担着电子传递与光能捕获的关键功能。从分子定位来看，叶绿素 a 主要分布于反应中心复合体，而叶绿素 b 则特异性存在于天线复合体，通过其独特的分子构型实现对聚光叶绿素结合蛋白的稳定化保护作用。

在遗传调控层面，已鉴定出约 50 个直接参与叶绿素生物合成途径的编码基因。当这些基因呈现隐性纯合状态时，将导致植株表现出显著的叶绿素代谢紊乱。这种代谢紊乱可系统性地划分为两个主要表型类别：其一表现为

幼苗期叶绿素合成障碍，其二则表现为成熟期叶片叶绿素含量异常及失绿条纹现象。基于基因表达时空特异性的研究结果，相关调控基因可依据其对植物发育不同阶段（胚乳、胚胎、幼苗及成熟植株）色素沉积模式的影响进行系统分类。这一分类体系不仅为解析叶绿素代谢的分子调控网络提供了理论基础，同时也为植物光合效率的遗传改良指明了潜在研究方向。

（一）YDPG 类

拥有 YDPG 类基因的玉米表现为胚乳呈现黄色，胚体处于休眠状态，幼苗叶片呈现白色或黄色，而成株期则恢复为绿色。此类基因在幼苗阶段显著抑制叶绿素的合成，但这一效应在植株成熟后消失，这一现象在植物遗传学中被称为"黄白苗"。

（二）YDPP 类

拥有 YDPP 类基因的玉米则表现为胚乳黄色、胚体休眠，且幼苗与成株均呈现白色，叶绿素在植株的整个生命周期中持续减少，这种现象称为"苍白绿色"。

（三）YDPX 类

拥有 YDPX 类基因的玉米同样表现为胚乳黄色、胚体休眠，幼苗呈现白色，但其最终表现为致死性，属于叶绿素合成缺陷导致的致死类型。

（四）S 类

S（striped）类基因即条纹类基因，其调控细胞纵向分裂与伸长，导致叶片呈现条纹状。将条纹植株与正常绿色植株进行正反杂交，并对 F_1 代进行自交及回交实验，发现当以正常绿色植株为母本与条纹植株杂交时，F_1 代全部表现为正常绿色，而 F_2 代出现绿色与白化（或条纹）3∶1 的分离。

五、玉米株型性状的遗传

玉米的营养器官与生殖器官的形态变异具有显著的遗传多样性。这些变异主要由微效多基因系统调控，目前已定位超过 70 个相关单基因位点，为玉米遗传改良提供了重要的理论基础。在株高调控方面，多个基因位点已被明确遗传效应，其中，*br*（1-145）、*br2*（1-134）、*br3*（5-）、*bv*（5-95）、*cr*（3-24）、*ct*（8-30）、*ct2*（1-s）、*mi*（1-）、*na*（3-159）、*na2*（5-58）、*rd*（1-225）、*rd2*（6-L）和 *td*（5-90）等基因均表现出降低株高的表型特征。

通过近等基因系分析，这些基因的遗传效应得以精确鉴定。

br 基因通过缩短节间长度，特别是果穗以下节间，显著降低植株高度，同时保持叶片正常发育和茎秆粗壮特性。$br2$ 双隐性突变体表现出叶片发育延缓，成株期果穗以下节间数减少，整体节间缩短。na 基因则通过调控生长素合成水平影响植株生长。

d（3-42）、$d2$（3-）、$d3$（9-66）、$d5$（2-56）、$d8$（1-197）基因位点的纯合体不仅株高降低，叶片形态还发生了改变，表现为玫瑰花瓣状皱缩，并且分蘖数增加。

在叶片形态调控方面，lg（5-L）、$lg2$ 和 $lg3$ 基因除降低株高外，还导致叶片上冲、叶耳消失及叶舌缩短等特征。wi 基因影响维管束发育，而 Hs、Rs、$us2$ 基因则调控叶鞘表面特征。la 双隐性植株表现出匍匐生长习性，其节间生长素分布模式与正常植株相反，表现为节及节间上部生长素含量升高。

玉米性器官发育同样受到多个基因的调控。an、d、$d2$、$d3$、$d5$、$d8$ 等矮化基因不仅影响株高，还可导致雌花序发育为具花药的矮化雄花。ts（2-95）、$ts2$（1-53）、$ts3$（1-188）、$ts4$（3-105）、$ts5$（4-55）和 $ts6$（1-233）基因能够促使雄花序发育为雌雄同穗的两性花序或完全雌花。ba（3-148）、$ba2$（2-95）、ub 基因则抑制雌花序发育，仅允许顶端雄花序发育。不同基因型组合可产生多样化的性别表现：Ba_Ts_ 表现为典型的雌雄同株异花；Ba_tsts 的顶端雄花可发育为可育雌花，形成全雌株；babatsts 基因型植株叶腋无雌花序发育，但顶端雄花序完全雌化。babatsts 雌株与 babaTsts 雄株杂交，F_1 代可产生全雌株与全雄株 1:1 的分离。

雄穗分枝性状作为重要的育种指标，受到 ra（7-32）、$ra2$（3-47）等基因的调控。其中，ra 和 $ra2$ 基因可增加雄穗分枝数，而 bd 基因则导致雄穗小穗分化为分枝，进而形成独特的雄穗分枝类型。

六、玉米叶角质层蜡质的遗传

植物叶片表面的蜡被结构由角质层微凸起物构成，这一特征在 gl 双隐性突变体的幼苗叶片中完全缺失。GL 基因位点具有复杂的遗传特性，其突变体 gl^{-m}，由转座因子插入引起，同时在该位点还观察到顺反子内重组现象。野生型植株在 5 叶、6 叶期时，叶片上下表皮均形成蓝白色蜡被层，而 gl（7-35）双隐性基因型植株的叶片表面呈现明显光泽，反射率显著增加，蜡被层几乎完全缺失。从生理功能角度分析，蜡被层赋予叶片疏水特性，而光泽叶面则表现出亲水性，能够有效滞留水滴。$gl15$ 纯合基因型植株表现出独特的发育阶段性特征：其第 1~2 叶与野生型相似，但从第 4 叶开始，叶片逐渐转变为光泽表型。

第二节　玉米数量性状遗传

在数量性状遗传学研究中，加性效应占据主导地位的遗传模式表现为各加性基因的效应值通过累加作用共同决定个体的表型特征。这种模式下，F_1 群体通常呈现双亲表型的中间值，而 F_2 代群体则因加性基因的自由组合、独立分配及交换作用，导致个体表型呈现连续分布特征。

在玉米 F_1 代个体中的异质杂合态基因型往往表现出显著的显性或超显性效应，这种杂种优势现象无法通过简单的加性或减性模型进行解释。加性效应主导的遗传模式仅在特定实验材料及假设条件下显现，具有显著的局限性。值得注意的是，加性基因通常表现为微效多量特征，且可能以连锁形式分布于不同染色体上，这使得通过简单的数学公式和独立遗传理论来推断加性基因数量及其效应值的方法难以全面揭示数量性状遗传的本质特征。

显性效应主导的遗传模式则表现为杂合态基因型中完全由显性基因决定表型特征。在此模式下，F_1 代表型平均值显著偏向某一亲本，而非呈现中间值；F_2 代个体表型值经分类后，其分布规律与独立分配定律 $(3:1)^n$ 相吻合。这种遗传模式实质上掩盖了加性基因的累加效应，在自然界中相对较为罕见。遗传效应本质上是基因及其相互作用产生的综合效应，特别是在控制数量性状的多基因系统中，各类因素均可能对表型产生特定效应值。

$$G=A+D+I \qquad (1-1)$$

即：基因型值（G）＝加性效应值（A）＋显性效应值（D）＋上位性效应值（I）。

这种由 3 种效应值之和决定遗传效应的数量性状，为大多数遗传研究所证实。例如，单株产量、吐丝期、株高、茎粗等性状均属于此类。在 F_1 代中，个体表型值往往显著超越亲本，表现出明显的杂种优势；而在 F_2 代中，性状分离现象显著，部分个体甚至出现超亲表现。数量性状的表型不仅由遗传因素决定，还受到环境因素的显著影响，导致不可遗传的表型变异。在基因型完全纯合的自交系和 F_1 群体中，理论上个体基因型效应值应保持一致，但环境因素仍会引发群体内的连续变异；在 F_2 分离世代中，基因型与环境因子的交互作用进一步加大了表型值的变异范围。因此，数量性状的连续变异本质上是基因型效应与基因—环境互作效应的综合体现。由于单个基因的效应难以直接量化（尽管分子标记技术可对特定数量性状基因位点的效应进行估算），数量性状的遗传分析必须依赖于统计学方法。在此过程中，遗传力、遗传相关性及选择指数等参数成为核心分析工具，为揭示数量性状的遗传机制提供了重要依据。分析中常用的概念和参数如下。

样本：从特定群体中随机抽取的一部分个体或数据点。F_1果穗与F_2果穗的数量虽然有限，但它们作为无限总体的代表性样本，能够为研究提供关键信息。

平均数（$\bar{x}$）：描述性统计量之一，用于衡量样本数据的集中趋势，反映某一性状表型值的平均水平。通常应用的是算术平均数。

$$\bar{x} = \frac{x_1 + x_2 + \cdots + x_n}{n} = \frac{\sum x}{n} \tag{1-2}$$

变数：对群体中（或样本）每一个体的表现值的描述。

变量方差（V）或标准差（S）：变量方差表示一组变数的分散程度或离中性；变量开方就是标准差，表示变数偏离平均数的程度。方差和标准差的值越大，表明数据集的异质性越显著，数据点之间的差异越明显。

$$V = \frac{\sum(X - \bar{X})^2}{n-1} = \frac{\sum X^2 - \frac{(\sum X)^2}{n}}{n-1} \tag{1-3}$$

一个样本群体的表型变量方差（V_P），应等于基因型变量方差（V_G）与环境因素影响产生的变量方差（V_E）之和。

$$V_P = V_G + V_E \tag{1-4}$$

而基因型变量又含加性基因决定的加性变量方差（V_A）、异质等位基因决定的显性变量方差（V_D）、非等位基因之间产生的上位性变量方差（V_I）。

$$V_G = V_D + V_I \tag{1-5}$$

则

$$V_P = V_A + V_D + V_I + V_E \tag{1-6}$$

加性变量V_A是各单株育种值所产生的，即全部有关位点基因效应的总和。它可以通过配子传递给后代，因而是自交系选育和杂交种组合选配的主要考虑成分。非加性变量V_D和V_I与杂种优势大小有关，它们在玉米杂交育种上都具有重要的意义，但在自交系选育中，随基因型的逐步纯合，这些效应值也逐渐消失。

第三节　遗传力与配合力估算

一、遗传力及其效力估算

遗传力（h^2）作为衡量遗传方差与表型方差比率的量化指标，在玉米育种实践中具有重要的理论指导意义。研究表明，不同农艺性状的遗传力存在显著差异，这种差异性直接影响育种策略的选择与实施。针对玉米重要农艺性状的遗传力研究显示，籽粒产量及其相关构成性状表现出较低的遗传力特征，这暗示着环境因素对这些性状的表型表达具有较强的影响。在植株性状方面，除茎粗表现出较低的遗传力外，其余性状均呈现中等程度的遗传力水平。值得注意的是，与生育期相关的性状显示出高达58%的遗传力，而籽粒含油率的遗传力更是达到77%，这表明这些性状具有较高的遗传稳定性。此外，诸如植株高度和对特定病害的抗性等性状，其遗传特征呈现出质量性状与数量性状的双重属性，这种复杂性要求育种工作者要以遗传力作为衡量遗传方差在表型方差中所占比重的关键指标，在玉米育种领域具有显著的理论与实践价值。玉米性状遗传力平均估计值见表1-1。

表1-1　玉米性状遗传力平均估计值

性状	遗传力/%	性状	遗传力/%
籽粒产量	19	气生根层数	74
穗长	38	茎秆抗推力	60
穗粗	36	茎秆穿刺强度	63
果穗数	39	茎秆弯折强度	62
穗行数	57	茎秆纤维素含量	57
穗粒数	42	茎秆木质素含量	58
穗重	66	茎秆大维管束数目	61
着粒深度	29	茎秆小维管束数目	62
茎粗	37	籽粒灌浆速率	58
籽粒含水量	6	籽粒脱水速率	57
至开花天数	58	穗轴含水量	60
株高	57	苞叶数	82
穗位高	66	籽粒容重	76
分蘖数	72	籽粒长度	65
含油率	77	籽粒宽度	64

(一) 遗传力概念和定义

遗传力作为数量性状遗传分析中的核心参数，其本质在于量化遗传因素与环境因素对表型变异的影响。遗传力的准确估计对于育种策略的制定、遗传改良方案的优化以及进化机制的阐释都具有重要的理论价值和实践意义。

1. 广义遗传力

广义遗传力（h_B^2）是指基因型方差（总遗传方差）在表型方差中所占的比例。

$$h_B^2 = \frac{V_G}{V_P} = \frac{V_A + V_D + V_I}{V_P} \tag{1-7}$$

h_B^2 表示个体表型值由基因型值所决定的程度，因此又称为遗传决定度，说明了遗传（或基因型）与环境（若略去误差不计）的相对重要程度。在基因型与环境互作等于零的假设下，

$$P=G+E,\ V_P=V_G+V_E\ (G 与 E 彼此独立) \tag{1-8}$$

P 为表现型值，G 为基因型值，即表现型值中由基因型所决定的部分，E 为环境离差，即表现型值与基因型值之差，也就是环境条件引起的变异。

等式两边均除以 V_P，可得

$$\frac{V_G}{V_P} + \frac{V_E}{V_P} = 1 \tag{1-9}$$

显然，$\frac{V_G}{V_P} = h_B^2$。

若令 $e^2 = \frac{V_E}{V_P}$ 并称之为环境率，则有

$$h_B^2 + e^2 = 1,\quad h_B^2 = 1 - e^2 \tag{1-10}$$

因此，h_B^2 体现了性状表达过程中总遗传效应（或基因型效应）和环境效应的相对重要性。例如，若某性状的 h_B^2 为 0.72，则环境率为 1-0.72=0.28。

由于总遗传方差除加性遗传方差外，还包括后代中难以固定的非加性遗传方差 V_D 和 V_I，h_B^2 在有性繁殖作物的实际选择育种中意义不大，在无性繁殖植物（含人工控制下有性繁殖植物的无性繁殖过程）育种中有指导意义。

2. 狭义遗传力

狭义遗传力（h_N^2）是指加性遗传方差（育种值方差，V_A）在表型方差中所占的比例。

$$h_N^2 = \frac{V_A}{V_P} \quad (1-11)$$

h_N^2 表示育种值对个体的表型值的影响程度，说明了在性状表达系统中，育种和非育种值的相对重要性。由于 $P=A+D+I+E+e$，如果将育种值 A 单独分离出来，且让 $R=D+I+E+e$，那么，就有 $P=A+R$，且 $V_P=V_A+V_R$（A 与 R 彼此独立），等式两边同时除以 V_P，可得

$$\frac{V_A}{V_P} + \frac{V_R}{V_P} = 1 \quad (1-12)$$

显然，$\frac{V_A}{V_P} = h_N^2$。

如果让 $e^2 = \frac{V_R}{V_P}$ 并称之为环境率，那么就有

$$h_N^2 + e^2 = 1，\quad h_N^2 = 1 - e^2 \quad (1-13)$$

即 h_N^2 说明了性状表达中育种和非育种值的相对重要性。

因为

$$b_{AP} = \frac{\text{cov}(A,P)}{V_P} = \frac{\text{cov}(A,A)}{V_P} = \frac{V_A}{V_P} = h_N^2 \quad (1-14)$$

那么，h_N^2 表示个体的育种值对表型值的回归系数 b_{AP}。由此可见，h_N^2 的重要性在于能够通过表型预测育种值。

育种值的预测公式为

$$\hat{A} = h_N^2 P \quad (1-15)$$

式中，P 为以离差形式表示的表型值，育种值的平均 $\hat{A}=0$。对于有性繁殖的植物而言，无论采用任何育种方式，h_N^2 都表现在育种值的预测式中。

狭义遗传力还能够体现出育种值对表型值的影响力。依据通径分析原理，从原因变量育种值 A 到结果变量表型值 P 的通径系数可表示为

$$P_{P \cdot A} = \frac{\sigma_A}{\sigma_P} \quad (1-16)$$

而育种值对表型值的决定系数 $d_{P \cdot A}$ 是通径系数的平方，说明原因变量

A 对结果变量 P 的决定程度。则有

$$d_{P \cdot A} = P_{P \cdot A}^2 = \left(\frac{\sigma_A}{\sigma_P}\right)^2 = \frac{V_A}{V_P} = h_N^2 \quad (1-17)$$

由此可以得到

$$P_{P \cdot A} = h_N \quad (1-18)$$

即育种值到表型值的通径系数等于平方根 h_N。

若以 r_{AP} 表示育种值与表型值的相关,则有

$$r^2{}_{AP} = \frac{[\mathrm{cov}(A,P)]^2}{V_A V_P} = \frac{(V_A)^2}{V_A V_P} = \frac{V_A}{V_P} = h_N^2 \quad (1-19)$$

以上是遗传力的多种表达形式,均说明了狭义遗传力的实质是育种值对表型值的决定程度。

3. 实现遗传力

实现遗传力是选择响应与选择差的比值,以 h_R^2 表示。

$$h_R^2 = \frac{R}{S} \quad (1-20)$$

R 为选择响应(又称遗传进度),S 为选择差。h_R^2 是用单位选择差所取得的遗传进度来衡量选择效果,是由实际的选择结果来估算已实现的遗传力。由于实际选择中选择响应 R 的估计会受许多条件或因素的影响,因此一般不用这种方法估算遗传力。h_R^2 只有描述功能而无预测功能。

(二)遗传力估计的原理

遗传力是遗传方差组分与表型方差的比值,其估计的核心在于估算这些方差组分。可利用组内相关和亲子回归等方法估计遗传力。

1. 组内相关

利用基因组相关估计广义遗传力,利用同胞家系组相关估计狭义遗传力。估计原理如下:若以 P_{ij} 和 P_{ik} 分别表示 i 个基因(或家系)内第 j 个和第 k 个个体的表型值,则这两个个体的协方差表示为

$$\mathrm{cov}(P_{ij}, P_{ik}) = \mathrm{cov}[(G_i + e_{ij}),(G_i + e_{ik})] = V_G \quad (1-21)$$

式中,e 为随机误差,基因型与环境彼此独立,这证明了组内协方差等于组间方差。因此,可利用组内相关 t 估算遗传力。

$$t = \frac{\text{cov}(P_{ij}, P_{ik})}{\sqrt{V_{P_{ij}} V_{P_{ik}}}} = \frac{V_G}{\sqrt{V_P V_P}} = \frac{V_G}{V_P} \tag{1-22}$$

组内相关 t 与遗传力的关系如下：①若供试材料为品种，则组内相关估计了广义遗传力，$h_B^2 = t$，因为其组内协方差等于总遗传方差。②若供试材料为半同胞家系，则组内相关 $r_{HS} = \dfrac{1+F}{4}$ 估计了 $r_{HS} \times h_N^2$，因为半同胞家系间方差等于 $r_{HS} V_A$。因此有 $h_N^2 = \dfrac{t}{r_{HS}}$，这里 $r_{HS} = \dfrac{1+F}{4}$ 为半同胞家系的亲缘系数，F 为参照群体的近交系数。③若从全同胞家系估计（当试验设计允许得到独立的加性方差估计时），则有 $h_N^2 = \dfrac{t}{r_{FS}}$，$r_{FS} = \dfrac{1+F}{2}$ 为全同胞家系的亲缘系数。根据前人报道，组内相关系数 t 的方差为：

$$\sigma_t^2 = \frac{2(1-t)^2 \left[1+(n-1)t\right]^2}{n(n-1)(N-1)} \tag{1-23}$$

式中，n 为家系内个体数或重复数，N 为家系或品种数。当 $n = \dfrac{1}{t}$ 时，σ_t^2 最小。

2. 亲子回归

利用亲子协方差与 V_A 的关系可估计遗传力。

（1）随机交配平衡群体。子代与单亲的回归，近交系数 $F=0$ 时，

$$\text{cov}(O, P) = \frac{1}{2} V_A, \quad b_{OP} = \frac{\frac{1}{2} V_A}{V_P} \frac{1}{2} h_N^2 \tag{1-24}$$

所以，狭义遗传力及其标准误为

$$h_N^2 = 2 b_{OP}$$
$$\hat{\sigma}(h_N^2) \approx 2 \sqrt{\frac{1 - b_{OP}^2}{n-2}} \tag{1-25}$$

式中，n 为亲子对数。

子代与中亲的回归：$F=0$ 时，

$$b_{O\bar{P}} = \frac{\frac{1}{2} V_A}{\frac{1}{2} V_P} = \frac{V_A}{V_P} = h_N^2 \tag{1-26}$$

所以,狭义遗传力及其估计标准误为

$$h_N^2 = 2b_{O\bar{P}}$$

$$\hat{\sigma}(h_N^2) \approx 2\sqrt{\frac{2-b_{O\bar{P}}^2}{n-2}}$$
（1-27）

式中,n 为亲子对数。

b_{OP} 或 $b_{O\bar{P}}$ 大时,由其估计的 h_N^2 精度也高。相同样本容量和相同遗传力水平下,用 $b_{O\bar{P}}$ 比用 b_{OP} 估算的遗传力精度高。

（2）双亲后代群体中,自交世代 t 对世代 $t-1$ 的回归为

$$h_N^2 = b_{t/(t-1)} = \frac{\text{cov}(F_t, F_{t-1})}{V_{t-1}}$$

$$\hat{\sigma}(h_N^2) = \sqrt{\frac{SS_{F_t} - b_{t/(t-1)}^2 SS_{F_{t-1}}}{(n-2)SS_{F_{t-1}}}}$$
（1-28）

3. 世代对比

可利用双亲后代不同世代方差的对比求得遗传方差组分,进而估算遗传力。此时,

$$\hat{\sigma}(h^2) = (1-h^2)\sqrt{2\left(\frac{1}{N_u} + \frac{1}{N_v}\right)}$$
（1-29）

式中,N_u 和 N_v 分别为两对比组的自由度。

(三) 遗传力在育种中的应用

1. 遗传力表达的规律性

遗传力的表达具有显著的规律性,其在不同性状间的表现相对稳定。在相同环境条件下,株高、生育期等性状的遗传力通常较高,而粒重、籽粒品质等性状的遗传力处于中等水平,产量性状的遗传力则普遍较低。随着近交世代的递增以及估算单位的扩大,遗传力呈现上升趋势。此外,遗传力的高低与环境及误差的控制水平密切相关,有效的环境管理和误差控制能够显著提升遗传力的表达。

2. 遗传力在育种中的应用

遗传力不仅是重要的遗传参数,也是育种决策的核心依据之一。

首先,遗传力分析为育种方法的选择提供了科学依据。当遗传力较高时,表现型与基因型之间的相关性较强,混合选择法更为适用;反之,当

遗传力较低时，表现型难以准确反映上下代的相似性，此时应优先采用系谱法或后代鉴定法，必要时可结合间接选择或综合选择策略。此外，当上位性方差显著时，家系选择法有助于固定其效应；若基因型与环境互作方差较大，则需针对不同生态区培育具有特殊适应性的品种。

其次，遗传力的高低直接反映了选择的难易程度。在有性繁殖植物中，遗传力决定了亲属间的相似性以及由表型值预测育种值的可靠性；在无性繁殖植物中，遗传力则决定了由表型值推断基因型值的准确性。因此，遗传力不仅具有描述功能，还具备预测功能。当某性状的遗传力较高时，表明该性状受环境影响较小，且上下代之间的相似性较高，基于表现型推断基因型及预测下代表现的准确性较高，选择效率显著提升；反之，若遗传力较低，则选择效果难以保证。

再次，遗传力的高低还可指导性状选择的世代早晚及种植规模的确定。当遗传力较高时，可在早期世代进行选择，且种植规模可适当缩小；而当遗传力较低时，则需推迟至较晚世代进行选择，并扩大种植规模以提升选择的可靠性。

最后，遗传力在估计选择响应中具有重要作用，任何育种方法的选择响应预测模型均需纳入遗传力作为核心参数。

3. 遗传力应用中需注意的几个问题

（1）遗传力并非单一性状的固有属性，而是特定遗传群体与其所处环境相互作用的综合体现。其数值表现为相对值，其大小取决于群体内各方差成分的相对比例。任何方差成分的变动，均会对遗传力产生直接影响。值得注意的是，遗传方差成分的规模受基因频率的调控，不同群体间基因频率的差异会导致遗传方差的显著变化。

（2）环境方差在遗传力的计算中占据重要地位，其规模主要受种植与栽培管理条件的制约。环境条件的剧烈波动会显著降低遗传力，而稳定的环境条件则有助于提升遗传力。因此，遗传力的具体数值应被视为特定遗传群体在特定环境条件下的产物。

（3）遗传力的相对性特征要求其在育种实践中不仅需关注其数值大小，更应重视各项方差的绝对值。在某些情况下，微小的方差成分可能产生显著的比例效应。

（4）遗传力的估计结果因供试材料类型（如半同胞、全同胞）及世代（如 F_2、F_3 等）的不同而存在显著差异，这一现象进一步凸显了遗传力应用的复杂性与多样性。

二、配合力及其效应估算

（一）配合力的概念

配合力分析主要采用待测亲本与特定测配系进行杂交，以此评估其遗传效应，进而探究该亲本的组配潜力及其应用价值。相较于与众多亲本进行随机杂交以获取随机遗传效应，此种方法更具针对性与效率。配合力可进一步细化为一般配合力（GCA）与特殊配合力（SCA），前者指亲本在广泛杂交中的普遍表现，后者则指其在特定组合中的独特表现。

1. 一般配合力效应

一般配合力效应是衡量特定亲本在其所有杂交组合中表现的平均遗传贡献的指标，通常以 gca_i、GCA_i 或 g_i 表示。该效应的数值通过计算该亲本半同胞家系的均值与所有杂交组合总均值之间的离差来确定。通过量化亲本的一般配合力效应，育种者能够更有效地筛选和优化亲本组合，从而提高育种效率并加速优良品种的选育进程。

$$g_i = \bar{y}_{i.} - \bar{y}_{..} \tag{1-30}$$

式中，g_i 为亲本 i 的一般配合力效应，$\bar{y}_{i.}$ 为亲本 i 与其他一系列亲本杂交组合的平均值，$\bar{y}_{..}$ 为所有杂交组合的总平均值。

2. 特殊配合力效应

特殊配合力效应是衡量特定杂交组合表现与其预期值之间差异的重要指标。该效应通过比较实际观测值与理论期望值的偏差，定量反映了双亲基因型在特定组合中的相互作用。特殊配合力效应的计算通常采用 sca_{ij}、SCA_{ij} 或 s_{ij} 表示。

$$s_{ij} = y_{ij} - E(y_{ij}) \tag{1-31}$$

式中，s_{ij} 为亲本 i 与亲本 j 的特殊配合力效应；y_{ij} 为亲本 i 与亲本 j 杂交组合的均值；$E(y_{ij})$ 为该组合的期望值。

用特定交配组合双亲的一般配合力之和所预测的组合值称为该组合的期望值 $E(y_{ij})$。

$$E(y_{ij}) = \bar{y}_{..} + g_i + g_j \tag{1-32}$$

式中，$\bar{y}_{..}$、g_i 和 g_j 分别为总体均值、亲本 i 和亲本 j 的一般配合力效应。

由上两式（式1-31，式1-32）可得

$$s_{ij} = y_{ij} - \bar{y}_{..} - g_i - g_j \quad (1\text{-}33)$$

该式为特殊配合力的常用估算式。改写式1-33，即可得到组合均值的一般表达式

$$y_{ij} = \bar{y}_{..} + g_i + g_j + s_{ij} \quad (1\text{-}34)$$

总之，一般配合力反映特定亲本交配效应的平均水平，一般配合力高的亲本，其杂交组合多数表现良好；特殊配合力反映一对特定亲本间杂交的特定配合效应，与该双亲在其他组合中的表现无关。表征亲本在杂交组合中的平均表现水平，其数值高低直接决定该亲本在多数杂交组合中的遗传贡献度。研究表明，具有较高一般配合力的亲本，其参与构建的杂交组合往往展现出显著的遗传优势。特殊配合力则特指特定亲本配对所产生的独特遗传效应，这种效应具有专一性，不受该亲本在其他杂交组合中表现的影响。从遗传学角度而言，一般配合力主要受加性基因效应调控，而特殊配合力则主要受非加性基因效应支配。

（二）配合力的双列杂交分析

配合力分析是遗传育种研究中的核心环节，旨在评估亲本在杂交组合中的遗传贡献及其潜在利用价值。其中，一般配合力（GCA）反映了特定亲本在多种杂交组合中的平均表现水平，通常GCA较高的亲本在多数杂交组合中表现出优异的性状。而SCA则针对特定亲本间的杂交组合，其表现独立于该亲本在其他组合中的表现。配合力分析不仅包括对GCA和SCA效应的估计与显著性检验，还涉及对亲本利用价值的综合评估，为育种策略的制定提供科学依据。

在配合力分析中，双列杂交设计和不完全双列杂交（NCⅡ）设计是两种广泛应用的方法。双列杂交设计要求一套亲本既作为父本又作为母本，进行所有可能的杂交组合。根据是否包含正反交和亲本自交，双列杂交设计可进一步分为4种亚型。双列杂交设计在随机模型下可用于估计遗传方差组分和遗传力，而在固定模型下则用于分析配合力效应，其选择取决于研究目的和供试材料的特性。NCⅡ设计则通过部分杂交组合的构建，为大规模亲本筛选提供了高效的研究框架。

（三）配合力的不完全双列杂交分析

NCⅡ设计，是一种在遗传育种研究中具有显著优势的实验方法。相较于完全双列杂交设计，NCⅡ设计在相同试验规模和成本条件下，能够涵

盖更多的亲本,从而获取更为广泛的遗传信息。然而,其也存在一定的局限性,即无法涵盖所有可能的亲本组合,导致部分遗传信息的缺失。尽管如此,从实际育种需求出发,并非所有组合都具有同等的研究价值,因此NCⅡ设计能够有效聚焦于关键组合,显著提升研究效率。例如,在育种实践中,亲本可根据特定目标进行分组,如丰产组与抗病组,以评估其在不同性状上的利用潜力。此外,通过引入一组高配合力的测验种与目标外引自交系进行测配,能够深入分析这些组合的遗传表现及外引系的育种前景。

(四)自交系配合力的测定

在自交系选育过程中,农艺性状的选择仅构成基础性工作,而配合力的评估则成为决定自交系育种价值的关键指标。配合力作为遗传性状的重要表征,无法通过表型观察直接判定,必须通过系统性的测交试验进行量化评估。研究表明,配合力具有显著的遗传特性,其表达水平在不同自交世代中呈现出相对稳定性。具体而言,高配合力原始单株与同一测验种进行测交时,其后代普遍表现出显著的生产力优势;与之相反,低配合力单株的测交后代则呈现出明显的产量劣势。这种配合力与产量表现之间的正相关关系,为自交系的科学选育提供了重要的理论依据和实践指导。因此,在自交系选育过程中,必须将配合力测定作为核心评价指标,结合农艺性状的综合分析,才能实现育种效率的优化和品种改良的目标。

1. 配合力大小的趋势

自交系配合力的表现与其遗传背景及性状特征存在显著关联。首先,自交系配合力的高低直接受其选育群体产量水平的影响。高产群体通常具备丰富的优良遗传因子,这为选育高配合力自交系提供了更大的可能性。其次,配合力的表现与特定产量性状的遗传力密切相关。例如,某些高配合力自交系在穗大、粒重、结实性等性状上表现出显著优势,这些性状具有较强的遗传传递能力,能够在杂交后代中稳定表达。此外,原始单株(S_1)与其后代的配合力表现具有高度一致性。同一原始单株所衍生的姊妹系间配合力变异显著低于不同原始单株间的变异,因此,在 S_1 代进行一般配合力测定具有较高的可行性。这一策略有助于早期淘汰低配合力单株,同时保留高配合力个体。然而,值得注意的是,即使在高配合力原始单株的后代中,也可能出现低配合力植株,因此在选育过程中,保留一定数量的姊妹系并进行晚代配合力测定,能够有效提升选择效率。

2. 配合力的测定

配合力的测定是育种过程中至关重要的环节，其核心在于评估自交系的遗传潜力及其在杂交组合中的表现。根据测定时期的不同，可分为早代测定与晚代测定。早代测定通常应用于自交当代至自交三代（S_1、S_2 和 S_3），其优势在于能够显著减轻后期工作量，并加速自交系的早期利用。

然而，早代测定的有效性依赖于两个关键前提：一是基本株之间的配合力存在显著差异；二是配合力具有较高的遗传力。通过早代测定筛选出的高配合力自交系，相较于随机样本中的目测选择，更有可能获得具有育种价值的材料。具体操作中，单株自交的同时，各自交株需与测验种进行杂交，并成对编号，以测交种产量作为筛选标准，从而高效淘汰低配合力材料，集中资源于高配合力后代的自交与选择。

测验种的选择是配合力测定的另一核心要素。测验种可以是品种、自交系或单交种，其与待测自交系的杂交称为测验杂交，所得杂种一代即为测交种。关于测验种的选择，传统观点认为，在测定一般配合力时应选用遗传基础复杂的品种或品种间杂交种，因其包含多样化的基因型配子，能够全面反映一般配合力。但现代育种实践中，地方骨干系常被用作测验种，其优势在于能够同时测定一般配合力与特殊配合力，从而加速高产组合的确定，提升育种效率。为优化测交工作量，早代测定可选用品种或杂交种进行一般配合力测定，而晚代测定则采用地方骨干自交系进行特殊配合力测定。此外，为提高测交结果的可靠性，测验种应具备优良的本地表现，并与待测系保持较远的亲缘关系，同时测验种的数量也需足够，以确保全面反映被测系的配合力特征。配合力测定的方法主要包括一般配合力测定与特殊配合力测定。一般配合力测定通常采用顶交法，即选用一个品种或杂交种作为测验种。在早代测定中，测验种作为母本，待测材料作为父本，自交与测交同步进行，并成对编号，以便根据测交种产量进行筛选。晚代测定中，待测系已趋于稳定，可作为母本与测验种进行测交。若待测系数量较多，可设置隔离区，采用父本与母本相间种植的方式，通过拔除母本雄穗获得测交种。次年通过测交种产量鉴定，评估各系配合力的高低。在"测配结合"模式下，需选用多个自交系作为测验种，并设置多个隔离区进行测交制种。在完成一般配合力测定后，高配合力自交系需进一步进行特殊配合力测定，通常采用轮交法，即将这些自交系相互一一杂交，通过比较测交种产量，评估系间特殊配合力的高低，同时筛选出新的优良杂交种。最终，通过配合力测定确定的优良自交系，将进入下一阶段的杂交种组配与测试。

第二章

玉米种质资源

种质资源作为作物遗传改良的核心要素，其重要性在育种领域具有不可替代的战略地位。从生物学视角来看，种质资源涵盖了栽培物种、野生近缘种的繁殖材料，以及通过人工手段创造的各类遗传变异体。这些资源在分子水平上表现为基因、DNA 片段、染色体组等遗传物质，在细胞层面则体现为组织、器官等生物学结构。具体到玉米这一重要粮食作物，其种质资源库主要由地方品种、育种群体、突变体、野生近缘种及现代栽培品种等构成，这些资源依据其来源可划分为本土种质、外来种质及主流栽培品种三大类别。

玉米作为遗传多样性显著的大田作物，其种质资源的优劣直接决定了育种工作的成效。然而，我国玉米育种领域长期面临着优质种质资源匮乏的困境，特别是在抗逆性、配合力及广适性等关键性状方面，现有种质资源难以满足育种需求。这一现状严重制约了我国玉米育种工作的突破性进展。因此，系统性地开展玉米种质资源的搜集、保存、鉴定、评价及创新利用，已成为我国玉米遗传改良工作的核心任务。通过构建完善的种质资源保护体系，深入挖掘优异基因资源，将有效推动我国玉米育种技术的跨越式发展，为粮食安全提供坚实的种质保障。

第一节 玉米种质资源的搜集与保存

一、国内地方品种资源的征集

玉米自南美洲引入我国后，历经数百年自然与人工选择，形成了多样化的地方品种资源。根据籽粒形态与特性，玉米可划分为硬粒型、马齿型、半马齿型、糯质型、爆裂型、甜质型、粉质型、甜粉型及有稃型等类别。从籽粒成分与特殊用途角度，可分为高油玉米、优质蛋白玉米（高赖氨酸玉米）、高淀粉玉米（高支链淀粉与高直链淀粉）、糯玉米、甜玉米、爆裂玉米、笋玉米及青贮玉米等。此外，依据生育期长短，玉米品种可进一步划分为早熟、中熟与晚熟类型。

我国玉米种质资源主要分布于东北至西南的狭长地带，形成四大密集分布区：黑龙江南部、吉林与辽北地区；内蒙古东南部、河北与山东地区；河南、山西、陕西南部与湖北西部地区；以及云贵高原地区，涵盖云南中北部、广西西北部、贵州西部与四川东南部。这一分布格局与气候条件、种质特性及经济因素密切相关。玉米作为喜温、喜湿作物，其种植区域随经济发展逐渐向亚热带与北温带扩展，最北可达北纬50°。玉米生长需≥10℃积温1 800~2 800℃，生长期间降水量需达到500~800 mm，光照充足。

我玉米种质分布密集带的西北边界与年降水量500 mm等值线大致平行，表明降水量是限制其向西北扩展的主要因素。玉米生长发育的最佳温度与其高产所需温度并不完全一致，灌浆期长且气候冷凉地区更易实现高产，如我国东北、华北及西南山地。从东北至西南，玉米种植海拔逐渐升高，东北地区多低于500 m，华北地区集中在300~700 m，湖北与四川地区可达1 700 m，云贵高原则可达2 500 m，主要集中在500~1 500 m。这种纬度与海拔变化与玉米灌浆期所需温度与积温密切相关。

我国长期种植的玉米地方品种以硬粒型为主，辅以少量糯质型。马齿型玉米在美洲形成较晚，20世纪20年代后逐渐引入我国。我国玉米种质资源中还存在诸多特异与稀有品种。如甜玉米品种油苞米、糯玉米品种河北多穗白、矮秆玉米品种湖北野鸡啄等。此外，我国还拥有高蛋白、高油、大粒、耐冷、耐涝、耐雨雾、无叶舌等特殊玉米种质资源。尽管这些地方品种大多未经现代育种技术改良，丰产潜力有限，但其在抗逆、耐瘠、广适等基因资源方面具有重要潜在价值。

种质资源考察与搜集工作具有长期性、持续性与公益性。各地在资源搜集过程中，不仅注重新育成自交系的潜力挖掘，更重视偏远山区及特殊气候条件下仍在生产中使用的地方品种保护。

二、国外玉米种质资源的引进

在强化本土玉米种质资源搜集与保护的同时，我国亦系统性地开展了国外优质玉米种质资源的引进工作。引进的种质资源主要划分为三大类别：其一为通过现代育种技术改良的温带杂交种、自交系及群体材料，统称为温带种质；其二为源自热带、亚热带低纬度地区，尚未完全适应温带气候条件的杂交种、自交系及群体材料，即热带亚热带种质；其三为从玉米遗传多样性中心及全球范围内采集的野生近缘种资源。我国自20世纪50年代起，陆续从朝鲜、苏联等国引进了白马牙、黄马牙等优良品种，这些品种在主要玉米产区得到广泛推广。此外，从阿尔巴尼亚引进的品种在陕西省关中地区进行试验示范，其早熟特性对后茬小麦的高产具有显著促进作用，并由此选育出优良自交系白苏635。通过引入或利用国外自交系作为原始材料，与国内远缘材料进行杂交，已成为培育优良杂交组合的重要策略之一。早期引进的Wf9、38-11、W20等自交系，为我国首批双交种的亲本奠定了基础。后续引入的

C103、Oh43、Mol7等自交系，进一步丰富了我国玉米种质资源库。特别是20世纪80年代以来，从美国引进的杂交种中选育出的掖478、U8112等高产、高配合力、抗病性强的自交系，对高产优质杂交种的组配起到了关键作用。

鉴于我国并非玉米起源中心，玉米遗传多样性相对匮乏，种质基础较为狭窄。为应对这一局面，2003年农业部启动了"优质、抗逆玉米种质引进、评价、改良与创新"项目——"948"计划项目之一。该项目旨在通过国际合作，将我国玉米种质的扩增、改良与创新纳入全球研究体系，利用国外先进技术、丰富的种质资源及信息资源，推动我国优质、抗逆种质的创新与育种技术的发展。项目从国际玉米小麦改良中心（CIMMYT）引进了400余份自交系及25个优质抗逆群体，从美国和加拿大引进了30份早熟群体，从欧洲引进了30份抗病、高配合力、早熟自交系。通过全国16个单位的"接力式"改良，已获得5个温带适应群体及344份半外来群体，并成功进入育种程序，显著拓宽了我国玉米种质基础。此外，华中农业大学从CIMMYT引进了130份玉米近缘野生种资源，经海南初步鉴定与扩繁，填补了我国玉米基因库中近缘野生资源保存的空白。这些举措不仅提升了我国玉米种质的遗传多样性，也为未来玉米育种技术的创新奠定了坚实基础。

三、玉米种质资源的保存

全球范围内，为有效保存和管理已收集、分类的玉米种质资源，已建立25个专业种质库，涵盖了95%的玉米遗传多样性资源。其中，圣彼得堡瓦维罗夫研究所（VIR）和贝尔格莱德玉米研究所（IMR）在种质资源保存量上占据领先地位。西半球的玉米种质库主要集中于拉丁美洲地区，包括墨西哥的国际玉米小麦改良中心（CIMMYT）和国家农业研究、创新与开发研究所（INIFAP）、秘鲁农业大学、哥伦比亚国家农业研究所、巴西国家农业研究协会、阿根廷国家农业技术研究所（INTA）以及智利国家农业研究所（INIA），这些机构保存的种质资源具有显著的遗传多样性特征。CIMMYT的玉米种质库1970年投入运营，是全球最早建立且设施完备的种质库之一，其保存的种质资源主要来源于洛克菲勒基金会和拉丁美洲国家NAS项目的资助，涵盖了大多数玉米种族的种子样本，同时还包括1940—1960年在拉丁美洲、亚洲及部分非洲国家人工培育的优质玉米种质材料。CIMMYT采取无偿提供少量种子（通常为50粒）的方式，支持全球范围内的玉米研究，并要求接收种子的国家进行材料鉴定、繁殖，并将相关种植表现数据反馈至CIMMYT。自20世纪80年代以来，CIMMYT

进一步强化了种质库的建设与管理，由专职育种专家开展分类研究与鉴定评价，旨在筛选出具有广泛应用价值的优良种质，并将其纳入常规育种体系。此外，国际植物遗传资源研究所（IPGRI）在玉米种质资源的收集与保存方面亦发挥了重要作用，资助了阿根廷、玻利维亚、巴西、智利、巴拉圭、秘鲁和乌拉圭等30多个国家系统性地收集玉米地方品种，并整理出版了国家玉米遗传资源目录。

我国自20世纪50年代中期起，开展了全国范围内的群众性品种收集工作，成功收集并保存了来自32个省份的玉米种质资源，同时引进了来自亚洲、欧洲、非洲、美洲等多个国家和地区的国外资源。为确保这些珍贵的玉米种质资源得到安全、有效的保护与利用，我国在制定完善的种质资源鉴定、编目、入库等规程的基础上，组织全国不同生态区的协作单位进行编目、繁殖，并将数千份种质资源纳入长期库保存，同时通过繁殖更新将部分种质资源纳入中期库保存。这一系列措施不仅保障了玉米种质资源的可持续利用，也为全球玉米遗传多样性的保护作出了重要贡献。

第二节　玉米种质资源的鉴定与评价

种质资源的鉴定与评价是优化其利用效率的核心环节。在我国玉米种质资源的研究中，重点聚焦于农艺性状、抗病性、抗虫性、耐涝性、耐寒性及耐盐碱性等关键特性的系统性分析，同时深入探讨了配合力与品质性状的遗传表现。此外，研究还涉及同工酶谱分析及光合性能的测定，为种质资源的全面评估提供了科学依据。通过上述鉴定工作，已筛选出多份具备显著优异性状的种质资源，这些资源为育种实践及生物技术研究奠定了坚实的物质基础。与此同时，针对玉米起源与分类的初步研究，为进一步挖掘和利用杂种优势提供了理论指导，推动了玉米遗传改良的深入发展。

一、抗病性鉴定

选育抗病玉米品种是防治病害最经济、有效的措施，而抗病性鉴定是玉米抗病育种的基础。

（一）抗大斑病、小斑病鉴定

1975—1980年，山东省农业科学院通过田间自然发病、田间诱发及人工接种的综合方法，对320份玉米种质资源在夏播条件下进行了大斑病与小斑病的抗性鉴定研究。鉴定过程中，于鉴定圃四周种植感病品种作为诱发行，并每年设置抗病与感病对照，依据病情指数划分抗病等级。结果显示，病情指数为0~20%的高抗材料包括胜利仙白马牙、大扒堂、花里虎等5份；病情指数在21%~30%的材料有白马牙、大金顶、红核玉米等8份；病情指数在31%~40%的材料有四叶子、白玉米、红玉米等12份；病情指数在41%~50%的材料有小粒红、小细心玉米、九莲灯玉米等17份；病情指数在51%~80%的感病材料涵盖大粒白、福山拐子、小红骨等219份；病情指数在81%~100%的高感材料包括大粒红、黄马牙、鹅翎白等62份。

（二）抗茎基腐病鉴定

王奎生与徐作斑等学者在1986—1990年，针对全国育种单位提供的602份杂交种及自交系材料，分别在苗期与成株期进行了自然与人工接种的抗病性鉴定。研究结果表明，通过自然鉴定筛选出的抗病材料占比高达95.12%，而人工接种鉴定中抗病材料的比例则为51.4%。进一步分析显示，在重发病年份通过自然鉴定筛选出的99份抗病材料中，经人工接种验证后，77份表现出抗病性，占比为82%。此外，对成株期鉴定出的232份材料进行苗期接种鉴定，仅66份表现出抗病性，占比为28.4%。

（三）抗丝黑穗病鉴定

1987年，陕西省农业科学院粮食作物研究所与辽宁省丹东市农业科学研究所联合开展了一项针对山东省68份玉米地方品种的抗丝黑穗病重复接种鉴定研究。试验结果显示，不同品种对丝黑穗病的抗性存在显著差异。其中，病株率在2%~20%的高抗病品种共计10份。病株率在21%~40%的中抗品种数量为21份。此外，病株率在41%~50%的感病品种共10份，以红玉米、小粒红为代表。而病株率高达81%~100%的高感病品种则有17份，典型品种包括二棒玉米、小草棒子及二糙白玉米等。

（四）抗矮花叶病鉴定

1987年，四川省农业科学院植物保护研究所与甘肃省农业科学院植物保护研究所联合开展了一项针对山东省130份玉米材料的抗矮花叶病接种鉴定研究。研究结果显示，不同材料对矮花叶病的抗性存在显著差异。其中，病情指数介于0~20%的高抗性材料包括白玉米、黄小162、威凤

322、菜大九及大金顶。病情指数在21%～40%范围内的中抗性材料涵盖二民子玉米、小粒红、金皇后、无舌和齐35。病情指数为41%～50%的感病材料为白黏玉米和南70。此外，病情指数超过51%的高感材料数量高达118份。

二、抗虫性鉴定

玉米螟作为玉米生产中的关键害虫，其危害程度直接影响作物的产量与品质稳定性。针对这一生物胁迫，培育具有抗螟特性的玉米品种被视为最具经济效益的防治策略。1980年，山东省农业科学院玉米研究所联合中国农业科学院植物保护研究所，对山东省区域内收集的250份玉米种质资源进行了系统性的大田抗螟性鉴定。研究结果表明，不同品种对玉米螟的抗性存在显著差异。其中，灰包子品种表现出较强的抗虫特性，其平均食叶级仅为2级；耐旱玉米、白玉米及无舌玉米等品种则呈现中等抗性水平，平均食叶级为3级；其余鉴定品种的平均食叶级均超过4级，表明其对玉米螟缺乏有效抗性。

三、耐旱性鉴定

在玉米耐旱性育种研究中，抗源筛选是基础性工作。1985年，山东省农业科学院玉米研究所采用大田自然耐旱鉴定法，对泗水县400份玉米地方种质资源进行系统筛选，通过表型性状观察与生理指标测定，初步获得51份具有显著耐旱特性的种质材料，同时鉴定出20份耐旱性较差的品种。为进一步验证耐旱性能，1988年该研究所选取10份耐旱性突出的种质，采用盆栽与田间试验相结合的方法，从根系发育特征、气孔调节能力、渗透调节物质积累及产量稳定性等多个维度进行综合评价。研究结果表明，白黏玉米、耐旱大粒黄和太平安东马牙11号3个品种在干旱胁迫下表现出优异的适应性，其根冠比显著优于对照，气孔阻力维持在适宜水平，脯氨酸积累量显著提高，产量损失率控制在合理范围内，这些特性使其成为具有重要应用价值的耐旱育种材料。该研究为后续玉米耐旱品种选育提供了可靠的理论依据和种质资源基础。

四、耐涝性鉴定

玉米是比较耐涝的作物。陈国平等（1988）的研究表明，玉米的耐涝性存在显著的生育期差异，其中，从播种至三叶期是玉米对涝害最为敏感的发育阶段，尤以播种后 2~3 d 内的涝害影响最为严重。自 20 世纪 80 年代以来，国内科研机构开展了系统的耐涝种质资源筛选工作，通过多种鉴定方法，成功筛选出具有显著耐涝特性的种质资源。在耐涝性鉴定技术方面，山东省农业科学院玉米研究所采用沙培法，于玉米 3~5 叶期进行为期 5~7 d 的淹水处理，以撤水后 3~5 d 的成活率及生长势作为评价指标，从 100 余份种质中筛选出 11 份耐涝性优异的品种。罗瑶年等（1986）则采用池栽法进行耐涝性鉴定，在幼苗第二展开叶期进行淹水处理，保持土面以上 2~3 cm 水层 7~8 d，通过株高、叶绿素含量、根系呼吸速率、孔隙度、黄叶指数及干物质增长速度等多项生理指标进行综合评价，最终从 310 份材料中鉴定出 20 份耐涝性突出的种质。

五、耐寒（冷）性鉴定

玉米的耐寒性作为其生物学特性之一，体现了植物对环境胁迫的适应机制，这一性状的遗传与表达呈现显著的复杂性。从遗传学角度分析，单交种的耐寒性特征主要倾向于抗性较强的亲本，其中母本遗传效应显著高于父本。尽管玉米整体上属于耐寒性较弱的作物，但不同品种间存在显著的耐寒性差异。前人研究创新性地将田间多点异地鉴定、人工模拟逆境筛选、植株生理生化指标测定以及细胞膜水平变化分析等多重方法有机结合，建立了完整的玉米抗冷性综合评价技术体系。通过这一体系，研究人员对 7 663 份玉米品种（系）在芽期、苗期和灌浆期 3 个关键生长阶段的抗冷性进行了系统评估，最终筛选出 1 659 份高抗冷育种材料，并成功选育出 437 份抗冷性稳定的自交系。在此基础上，进一步培育出 6 个新型抗冷自交系和 6 个抗冷杂交种。这些育成品种的早播临界温度达到 7℃，这一突破性进展将我国高产玉米栽培界限成功向北推进至北纬 51°30′，显著拓展了玉米的适种区域，为寒地玉米生产提供了重要的品种支撑。

六、耐盐（碱）性鉴定

玉米植株在盐碱胁迫环境下的生理耐受能力，即其耐盐（碱）性，是衡量作物在含盐土壤中维持正常生长发育的重要指标。该特性通常以土壤盐度作为量化标准，反映了玉米对盐分胁迫的适应程度。从作物分类学角度而言，玉米属于中等耐盐性作物，但不同品种间在耐盐性表现上存在显著差异。研究表明，玉米在生长发育的不同阶段对盐分胁迫的响应具有明显的阶段性特征：种子萌发至出苗期表现出较强的耐盐能力，而在幼苗期则对盐分胁迫极为敏感，特别是在由自养向异养过渡的营养转换期，其敏感性达到峰值。自20世纪90年代起，国内外学者针对玉米耐盐（碱）种质资源的系统鉴定工作逐步展开。王春英等（1996）采用实验室沙培与盐碱地自然鉴定相结合的方法，对105份玉米杂交种及自交系进行了耐盐（碱）性评价，结果显示其中15份材料具有强耐盐（碱）性，78份材料表现为中等耐盐（碱）水平。随后，孟义江等（2000）对36份优质玉米杂交种进行了耐盐性筛选，成功鉴定出3份具有显著耐盐特性的优良品种。这些研究成果为玉米耐盐（碱）育种提供了重要的理论依据和种质资源基础。

第三节 玉米种质资源的创新与利用

种质创新也称前育种，是一种将野生近缘植物、地方品种等难以直接应用于育种的种质资源转化为育种可用材料的科学活动。其核心目标在于对外来种质在特定地区的适应性进行优化，使其能够被本地育种体系有效利用。作为连接种质资源与育种实践的关键环节，种质创新在拓宽育种遗传基础、提升品种多样性方面具有不可替代的作用。通过系统性研究与技术手段，种质创新能够将潜在的遗传资源转化为实际育种材料，从而为作物改良提供更为丰富的遗传多样性。

一、基于野生近缘植物的种质创新与利用

玉米的野生近缘种大刍草，在植物遗传改良领域具有显著的应用价值。其突出的抗逆性、抗病虫害能力以及对贫瘠土壤的适应性，使其成为玉米育种中重要的遗传资源。通过基因渐渗技术，将大刍草中的有益等位基因导入栽培玉米，不仅能够拓展玉米的遗传多样性，还可显著提升其农艺性状。此外，大刍草的分蘖能力强、再生效率高及生物量丰富特性，使其在饲草玉米的培育中展现出广阔的应用前景。研究表明，基因渐渗是实现野生近缘种遗传资源利用的关键途径。

研究人员以玉米自交系掖515为父本，墨西哥大刍草（$2n=20$）为母本，通过多轮回交与自交，成功构建了具有广泛遗传多样性的渐渗系群体。其中，54.6%的渐渗系杂交种在产量上显著优于对照品种掖单12，另有17.1%和9.9%的渐渗系杂交种分别超越了农大108和郑单958的产量水平。周洪生等（1997）通过二倍体多年生大刍草与玉米的杂交、回交

及自交选育，获得了14个具有优异抗逆性、抗病虫害能力及高配合力的玉米自交系。陈景堂（2011）采用短日照处理繁茂大刍草，使其与玉米掖478、综31花期同步，成功培育出NX3153等优良自交系。四川农业大学基于多物种杂交策略，将玉米、多年生大刍草与摩擦禾（$n=18$）的遗传优势整合，培育出玉淇淋草这一多年生饲草材料。该品种不仅具备高产、优质、耐刈割、易繁殖及广泛适应性等特点，还表现出显著的耐寒性，在-4℃的极端低温条件下仍能正常越冬，同时兼具耐旱、抗病及抗倒伏等综合优势。

二、基于地方品种的种质创新与利用

玉米在起源地驯化后，经过全球范围内的广泛传播，其植株表型在不同环境条件下发生了显著变异，形成了多样化的地方品种。目前全球已鉴定出350多个种族，涵盖超过40 000份地方品种，其中，我国保存的地方品种数量超过15 000份。

在玉米种质资源的研究与利用中，Tuxpeno种族作为墨西哥马齿型玉米的代表，对热带和亚热带地区的玉米改良具有重要贡献。其与哥伦比亚ETO种族的高配合力形成了Tuxpeno×ETO杂种优势利用模式，显著提升了热带、亚热带玉米的产量和适应性。拉丁美洲玉米计划（LAMP）通过系统评价南美洲地方品种，筛选出270份具有潜力的种质资源，为温带玉米育种提供了重要遗传材料。1994年，美国启动的GEM计划通过将热带、亚热带马齿型玉米种质与温带优良自交系杂交，成功拓展了美国玉米育种的遗传基础。GEM材料携带25%或50%的热带、亚热带种质，不仅在温带地区表现出色，在热带地区也具有广泛应用潜力。2012年，墨西哥政府实施的"发现种子"计划，通过精准鉴定地方品种的遗传多样性，创制了携带75%以上优良自交系基因组和25%以下地方品种基因组的桥梁种质，显著提升了玉米的营养成分、耐热性、抗旱性、抗病性及耐土壤瘠薄能力。

在种质创新方面，直接利用优良地方品种进行创新是最为高效的方式。我国玉米育种家通过地方品种间杂交，成功选育并推广了坊杂2号、春杂2号等品种间杂交种，为中华人民共和国成立初期的玉米生产发展提供了重要支撑。此外，从华农2号、黄县小粒黄、衡白多穗等地方品种中选育出的华160、黄小162、衡白522等自交系，进一步通过自交系间杂交，培育出农大1号、武顶1号等顶交种，农大4号、农大7号、黑玉号等双交种，以及烟三6号、鲁三9号等三交种，显著提升了玉米产量。

在地方品种选系利用中，旅大红骨和唐四平头表现尤为突出，分别衍生出丹340、黄早四等大量自交系，即旅系和黄改系。丹东农业科学院通过黄改系和旅系构建的黄旅群体，经过一轮改良后，显著提升了抗倒伏和耐密植能力。此外，将外来种质导入优良地方品种中构建宽基群体，也是我国玉米种质创新的重要途径。

三、基于外来群体的种质创新与利用

在玉米育种领域，宽基与窄基群体，尤其是开放授粉品种，均具有不可忽视的战略价值。美国作为全球玉米种质资源最为丰富的国家之一，其温带玉米种质以茎秆强韧、产量潜力显著、出籽率高、农艺性状优异以及籽粒商品性优良等特征著称。孙琦等（2016）通过对1980—2008年解密的美国商业玉米自交系种质来源系统分析，构建了美国商业玉米种质系谱图。系谱分析结果显示，美国商业玉米的种质基础几乎完全依赖于开放授粉品种，这一发现进一步印证了开放授粉品种在育种中的核心地位。

我国玉米群体改良研究起步较晚，直至20世纪70年代末，在李竞雄等老一辈科学家的推动下，这一领域才逐步得到重视并取得显著进展。经过数十年的不懈努力，我国成功培育出一系列优良改良群体，包括中综系列（如中综2号、中综3号、中综4号、中群13、中群14等），豫综系列（如豫综2号、豫综5号），陕综系列（如陕综2号、陕综5号），辽综系列（如辽旅综），吉综系列（如吉综A、吉综B、吉综D）以及广黄群等近20个群体。从这些群体中，科研人员进一步选育出一批优良自交系，如金黄96、辽轮814、吉921、豫25、武126、中自02、CA375等。这些自交系在杂交种选育中发挥了重要作用。例如，由金黄×96B组配的协单969，已在多个省份通过审定并实现大面积推广。此外，山东省农业科学院玉米研究所通过将亚热带玉米群体Pop70QPM的优良种质导入温带育种材料，成功选育出高产、高配合力自交系齐205，并育成高产、多抗、优质蛋白玉米杂交种鲁玉13号，有效解决了玉米高产与优质之间的矛盾。近年来，中国农业科学院作物科学研究所等科研单位还积极引进、改良和驯化了一批外来群体，如POB 21、POB 32、POB 43、POB 45等。

四、基于外来杂交种的种质创新与利用

在1980—2004年，通过单交种群体自交及系谱选择方法育成的自交系685个，占拥有知识产权自交系的77%。跨国种业公司如先正达等，普遍

采用商业杂交种作为基础种质资源。我国在种质创新领域亦广泛借鉴外来杂交种。20世纪70年代，李登海从美国杂交种中选育出掖107；80年代，莱州市农业科学研究所选育出U8112，沈阳市农业科学院选育出沈5003；90年代，山东省农业科学院玉米研究所选育出齐319，中国农业大学选育出P178。这些自交系均表现出高配合力、强抗逆性及紧凑株型等优良特性，形成了具有中国特色的改良瑞德群及独有的P群，并由此育成了掖单2号、掖单4号、沈单7号、鲁单50、农大108、鲁单981等一批具有广泛影响力的杂交种。据统计，美国玉米种质在我国玉米生产中的占比已超过50%。Yang等（2011）提出，在利用杂交种分离二环系时，应适当扩大自交群体，进行系统的早代测验，并对新选二环系尽早进行改良或利用多个杂交种合成综合种，结合群体改良从中分离一环系，以打破不利基因连锁并维持丰富的遗传变异。国外公司在种质创新中，通常将商业杂交种与自交系亲本杂交后再进行自交和选择。

随着生物技术的进步，分子标记辅助选择策略为从亲本信息未知的杂交种中快速筛选适宜父本和母本材料提供了理论可能性。玉米种皮组织与母本遗传信息一致，胚则携带双亲遗传信息，通过玉米杂交种F_1可成功推断相应父、母本基因型。育种实践进一步验证了该方法的可行性，Guan等（2015）利用SNP标记，开展了基于杂交种的反向分子育种研究，并取得了显著成果。

五、基于外来自交系的种质创新与利用

基于外来自交系的种质创新策略：一种是将外来自交系作为特定性状的基因供体，针对本地优良自交系进行定向改良；另一种策略是基于同一杂种优势群的自交系进行群体构建，继而实施系统性群体改良。

陈泽辉等（2013）通过整合Reid自交系与Tuxpeno自交系构建了墨瑞C_0群体，同时利用Suwan自交系、Mo17和78599自交系构建了苏兰C_0。经过4次遗传平衡与半同胞相互轮回选择，分别形成了改良后的墨瑞C_1群体和苏兰C_1群体。多点产量试验数据表明，墨瑞C_1×苏兰C_1比墨瑞C_0×苏兰C_0组合的产量提升了7.84%，但群体本身的产量变化未达显著水平。值得注意的是，群体间的平均杂种优势从改良前的9.86%显著提升至改良后的16.29%，这一结果凸显了群体改良策略的有效性。国际玉米改良中心（CIMMYT）的研究体系中，热带玉米种质资源的开发占据核心地位，其创制的高配合力自交系（CML）主要划分为马齿型的A群和硬粒型的B群。

Wu 等（2016）运用 GBS 技术对 CIMMYT 的 538 份玉米自交系进行了系统分析，揭示了这些热带材料可明确划分为低地热带自交系、亚热带和中纬度自交系以及高地热带自交系三大类群，其分类特征与环境适应性显著相关。山东省农业科学院玉米研究所通过将 Mo17 与我国自交系的杂交，培育出齐 31、齐 35、齐 302 等多个优良自交系，进一步丰富了我国玉米种质资源库。

第三章

玉米杂种优势

03

杂种优势作为一种生物学现象，广泛存在于各类生物中，其本质在于两个遗传背景不同的亲本通过杂交产生的 F_1 代在生长活力、繁殖能力、环境适应性以及产量和品质等关键性状上显著优于其亲本。这一现象的形成机制涉及亲本间遗传物质的差异，通过基因表达的精确调控，包括转录、翻译等分子生物学过程，最终在生物体的生理代谢和形态建成中得以综合体现。杂种优势不仅在营养生长阶段发挥作用，也在生殖生长阶段表现出显著效果，是生物体整体性能提升的重要表现。

在农业生产中，杂种优势的应用已成为提高作物产量和品质的关键策略之一。近年来，随着基因组学、转录组学和代谢组学等前沿技术的引入，杂种优势的预测能力得到了显著增强，为强优势杂交种的筛选提供了更为精准的科学依据，从而进一步推动了农作物育种效率的优化与提升。

第一节　杂种优势的发现与利用

一、玉米杂种优势的利用

玉米是最早利用杂种优势的作物。玉米杂种优势的利用是作物遗传育种领域的重要里程碑，其发展历程体现了科学理论与生产实践的深度融合。Beal 于 1876 年率先开展玉米品种间杂交研究，发现杂交种产量较亲本品种显著提升 51%。随后，Sanborn 在 1890 年通过系统研究进一步验证了这一现象，证实品种间杂交种的表现普遍优于双亲平均值。Morrow 与 Gardner 于 1893 年首次提出玉米杂交种子生产的技术规程，并揭示地理远缘品种间杂交种较同一地区亲本类型间杂交种具有更显著的产量优势。然而，由于品种间杂交种增产效果有限且稳定性不足，其商业化应用始终未能实现突破。

随着研究的深入，玉米杂种优势的利用逐步转向自交系间杂交种。Shull 在 1898—1902 年进行的玉米自交系研究揭示了自花授粉导致产量显著降低的现象，并首次提出利用自交与杂交相结合的育种策略。1908 年，Shull 系统阐述了纯系育种方法及自交系间杂交组合选配的基本程序，为玉米自交系杂交育种奠定了理论基础。East 在 1908—1909 年通过深入研究提出显性假说，从遗传学角度阐释了杂种优势的形成机制。然而，受限于自交系产量低下及杂交种子生产成本过高，玉米单交种未能实现大规模生产应用。直至 1918 年 Jones 提出双交种策略，玉米杂种优势的利用才得以真正实现。

我国玉米杂种优势的利用历程可划分为三个主要阶段：1954—1959 年以品种间杂交种推广为主；1960—1970 年重点发展双交种；1971 年全面转向单交种的应用。在单交种推广过程中，郑单 958、丹玉 13、掖单 13 号、中单 2 号、农大 108 等品种发挥了重要作用。

二、杂种优势的度量与表现特性

（一）杂种优势的度量

杂种优势的量化评估是遗传育种研究中的核心环节，其目的在于通过科学方法测定杂交后代相较于亲本的性状表现。

1. 中亲优势或相对优势

中亲优势或相对优势是指杂交一代 F_1 特定数量性状上的表现值与双亲（P_1 与 P_2）该性状平均值的差值，再除以双亲该性状的平均值［MP，MP=$(P_1+P_2)/2$］。计算公式为

$$中亲优势（\%）= \frac{F_1 - MP}{MP} \times 100 \tag{3-1}$$

2. 超亲优势

超亲优势是指杂交种 F_1 在特定数量性状上的表现，通常通过其产量或相关性状的平均值与高值亲本（HP）相应性状的平均值之间的差异来量化。计算公式为

$$超亲优势（\%）= \frac{F_1 - HP}{HP} \times 100 \tag{3-2}$$

某些性状在 F_1 代可能呈现出低于低值亲本（LP）的表型特征，这种现象在遗传学中被称为负向超亲优势。计算公式为

$$负向超亲优势（\%）= \frac{F_1 - LP}{LP} \times 100 \tag{3-3}$$

3. 超标优势或竞争优势

超标优势或竞争优势是指杂交种 F_1 在产量或特定数量性状上的表现，相较于当地推广品种（CK），其差异程度可通过量化指标进行精确评估。计算公式为

$$超标优势（\%）= \frac{F_1 - CP}{CP} \times 100 \tag{3-4}$$

4. 杂种优势指数

杂种优势指数是指杂交种 F_1 在特定数量性状上的表现与其双亲（P_1 与 P_2）同一性状的平均值（MP）之间的比值，是衡量杂种优势的重要指标。计算公式为

$$杂种优势指数（\%）= \frac{F_1}{MP} \times 100 \qquad (3-5)$$

一个新品种的推广不仅需要超越其亲本的遗传特性，更需在产量、抗逆性及适应性等关键性状上显著优于区域主栽品种，从理论层面而言，杂种优势的量化评估通常采用中亲优势作为核心指标，该方法通过比较杂交后代与双亲均值之间的差异，为杂种优势的遗传机制研究提供了可靠的数据支撑。

（二）杂种优势的表现特性

1. 杂种优势的普遍性

杂种优势作为一种普遍存在的生物学现象，广泛分布于从高等脊椎动物到低等真菌等能够进行有性生殖的生物类群中。杂种优势的表现形式具有多维性特征，主要包括以下六方面。

（1）生长势和营养体方面，杂交后代通常表现出显著的生长优势，具体体现在出苗势旺盛、植株生长势增强、叶面积指数提升以及营养器官的显著增大等方面，同时其持绿期亦呈现延长趋势。

（2）抗逆性和适应性方面，杂交种在抵御病虫害侵袭、适应不良环境条件等方面均展现出优于亲本的表现。

（3）生理功能方面，杂交种的光合作用效率显著提升，具体表现为光合面积扩大、光合势增强以及有效光合期延长，同时其呼吸强度降低，同化产物的分配效率得到优化，灌浆期亦相应延长。

（4）产量和产量因素方面，杂交种通常表现出结实器官增大、结实率提高以及籽粒产量显著增加等特征。

（5）品质方面，杂交种在特定有效成分含量、成熟期一致性、产品外观品质及整齐度等指标上均呈现正向效应。

（6）生理生化方面，杂交种在关键物质的合成能力上往往超越双亲，其 DNA 甲基化水平与亲本存在显著差异，同时在线粒体与叶绿体功能上表现出互补效应，这些特征导致杂交种在关键酶活性及代谢物质水平上均优于亲本。

需要注意的是，杂种优势在植株性状、产量构成及品质特征等方面的表现既具有相对独立性，又存在内在关联性。在杂种优势的实际应用中，可根据不同作物的育种目标进行针对性选择。

2. 杂种优势表现的复杂性和多样性

杂种优势的表现机制具有高度的复杂性和多样性，其本质源于双亲基因型之间的互作效应以及基因型与环境因子的协同作用。从遗传学角度分析，杂种优势的显现程度受多维度因素调控，其中作物物种的倍性水平、亲本基因型纯合度、亲缘关系、杂交组合配置、目标性状特性以及环境条件等均构成关键影响因素。在二倍体作物中，杂种优势的显现程度普遍高于多倍体作物，这一现象在玉米与小麦的对比研究中得到充分验证。亲本基因型纯合度对杂种优势的强度具有显著影响，高纯合度自交系间的杂交后代往往表现出更强的杂种优势，这在玉米单交种与自由授粉品种的对比实验中得以证实。

亲本间的遗传距离是决定杂种优势表现的另一重要因素，远缘亲本间的杂交组合通常较近缘亲本组合表现出更显著的杂种优势。在杂交组合配置方面，双亲性状的互补效应可显著提升杂种优势的表现水平，这在玉米穗部性状的杂交实验中得到充分体现。不同性状的杂种优势表现存在显著差异，综合性状通常表现出较强的杂种优势，而单一性状的杂种优势相对较弱。以玉米为例，单株籽粒产量表现出显著的杂种优势，而百粒重的杂种优势则相对有限。品质性状的杂种优势表现更为复杂，淀粉含量和油分含量普遍呈现正向杂种优势，而蛋白质含量则多表现为负向杂种优势。

环境条件对杂种优势的表现具有重要调控作用，这是由于杂种优势本质上是基因型与环境互作的结果。研究表明，单交种在抗逆性方面普遍优于纯系品种，但在适应性方面则不及群体品种。以玉米为例，综合种在环境适应性方面显著优于单交种。

3. F_2 及以后世代杂种优势的衰退

F_1 代杂种优势的显著表现源于其基因型的高度杂合性与表现型的整齐一致性，这是构成强优势杂交种的核心基础。然而，随着世代更替，F_2 及后续世代的基因分离现象导致群体基因型杂合度显著降低，杂种优势与整齐度随之衰退。这种衰退的速率与 F_1 代基因杂合位点的数量及作物的授粉方式密切相关，因此在实际生产中 F_1 代被广泛利用。此外，作物授粉方式对杂种优势的衰退速率具有显著影响，异花授粉作物的衰退速度通常慢于自花授粉作物。对于自花授粉作物而言，随着自交代数的增加，后代纯合体比例逐代上升，杂合体比例逐代下降，杂种优势也随之持续减弱。

第二节 杂种优势的理论基础

一、杂种优势理论假说

杂种优势是一种受多种因素影响的复杂生物学现象，至今尚未见对其遗传基础的准确阐释。国内外学者先后提出了包括显性、超显性和上位性等重要的假说来解释杂种优势形成的遗传机理。

（一）显性假说

显性假说认为，杂种优势的产生源于有利等位基因的完全显性效应，这些显性基因在杂交后代中能够抑制其对应的隐性等位基因的表达，从而实现基因互补效应。该理论假设，个体生长发育主要由显性基因调控，而隐性基因往往对个体的生长发育产生不利影响。当两个遗传背景不同的亲本进行杂交时，其杂交后代 F_1 代中显性基因的组合显著高于亲本，从而增强了杂合子代的生长潜力。显性假说最早由 Davenport 和 Bruce 于 20 世纪初提出，后经 Jones 进一步补充和完善。Richey 和 Sprague 通过玉米聚合改良材料的试验验证了该假说的可靠性，使其成为解释杂种优势现象的重要理论基础之一。然而，针对水稻、欧洲油菜和陆地棉等作物的研究表明，回交群体中产量及其相关性状的杂种优势水平与全基因组杂合程度的相关性较弱，高杂种优势的表现可能仅依赖于部分基因组的杂合性。

（二）超显性假说

超显性假说由 Shull 与 East 于 1908 年首次提出，其核心观点在于杂合等位基因间的互作是杂种优势的主要驱动机制。该假说认为，双亲基因型的异质性结合能够引发等位基因间的相互作用，从而导致杂交后代表现出显著的性状优势。无论是显性基因还是隐性基因，在杂合状态下均能展现出杂种优势，这一现象为 F_1 代表现超越任一亲本提供了理论依据。超显性假说在解释单基因控制性状的杂种优势方面具有显著优势，例如，在番茄中已鉴定出单个基因通过超显性效应调控杂种优势的实例。此外，互斥连锁的有利等位基因在基因组特定区域的紧密连锁也可能导致"假超显性"

现象，这一机制同样为杂种优势的形成提供了合理解释。例如，玉米中早期发现的与杂种优势相关的超显性 QTL，后续研究揭示其实际由两个互斥连锁的 QTL 共同作用所致。类似地，在高粱株高的研究中，*Dw3* 与 *qHT7.1* 两个 QTL 的互斥连锁也被证实为杂交后代株高呈现假超显性的原因。

尽管超显性假说在解释杂种优势方面积累了诸多实验证据，但其理论框架仍存在显著局限性。首先，该假说完全否定了显性效应在杂种优势中的作用，这使其在多基因控制性状的验证中面临挑战。其次，超显性假说未能充分考虑等位基因异质结合可能导致杂种劣势的可能性，同时忽略了显性与隐性等位基因间的差异性及其相互关系。因此，仅依赖显性假说与超显性假说难以全面揭示杂种优势的遗传基础，需结合其他遗传机制进行综合分析。

（三）上位性假说

杂种优势的遗传机制研究长期以来主要聚焦于等位基因间的相互作用，然而非等位基因间的互作在杂种优势形成中的潜在作用却未得到充分重视。上位性假说的提出填补了该理论空白，该假说强调杂种优势不仅源于等位基因间的相互作用，更可能由染色体上不同位点的非等位基因间的复杂互作所驱动。具体而言，非等位基因间的互作模式可分为加性与加性互作（AA）、加性与显性互作或显性与加性互作（AD 或 DA）、显性与显性互作（DD）三类。Tang 等（2010）通过对玉米杂交种豫玉 22 号永久 F_2 群体的深入研究，揭示了 AA、AD 和 DD 互作对玉米产量及其构成因子的杂种优势均具有显著影响，其中 AD 互作被确认为玉米两位点水平上杂种优势形成的关键分子机制。

杂种优势作为一种连续的、多基因控制的复杂遗传现象，其表现不仅依赖于双亲有利显性基因的互补，还受到异质等位基因及非等位基因间相互作用的综合调控。此外，环境因素也在杂种优势的形成中扮演重要角色。在不同作物的杂种优势研究中，特定遗传效应对某一性状的主导作用可能因作物种类、遗传背景及研究群体的差异而有所不同。因此，杂种优势的遗传基础并非单一，而是呈现出多样性和复杂性。

（四）杂种优势假说的分子证据

分子数量遗传学把控制数量性状的基因分解为多个数量性状的基因位点（QTL），通过采用分子标记和群体遗传设计定位不同生物的 QTL，并对所定位的 QTL 进行遗传效应分析，使得从分子水平上理解杂种优势的遗传基础成为可能。

1. 剖析杂种优势遗传基础的试验设计

自 20 世纪 50 年代以来，研究者通过多种实验设计探索杂种优势的遗传学机制。杂种 F_1 代因其等位基因杂合性而表现出与亲本显著不同的表型特征，使其成为研究杂种优势的理想对象。然而，由于 F_1 代基因型的高度一致性，缺乏基因型间的分离，难以在单基因水平上展开深入研究。相比之下，F_2 群体因基因型分离而展现出完整的遗传信息，涵盖了加性效应、显性效应及上位性效应，因而成为杂种优势遗传基础研究的重要材料。然而，F_2 单株的基因型具有特异性，其表型数据仅来源于单一植株，可能导致表型数据的偏差。为此，研究者通常采用 $F_{2:3}$ 家系的表型均值作为 F_2 单株的表型值。值得注意的是，F_3 代经过一代自交后，显性效应减少了一半，而显性效应正是杂种优势的关键遗传基础，这导致杂种优势显性效应的检测效率显著降低。为更深入地揭示杂种优势的遗传机制，研究者开发了多种新型遗传群体设计，以更精准地解析杂种优势的遗传学基础。这些设计通过优化群体结构和数据分析方法，为杂种优势的研究提供了更为可靠的理论依据和技术支持。

（1）NC Ⅲ设计。NC Ⅲ设计是一种基于重组自交系（RIL）群体与双亲回交的实验方法，通过构建回交群体，能够获得大量基因型一致的种子，从而在不同环境条件下进行表型数据的精确测定，有效避免了 F_2 群体表型鉴定不准确的局限性。通过整合 RIL 群体与回交群体的 QTL 检测结果，可以更准确地推断目标 QTL 的遗传效应。此外，该设计在回交亲本的基础上引入了测交亲本，进一步丰富了群体的遗传信息，为深入解析回交（BC）和测交（TC）群体中杂种优势的遗传机制提供了更全面的分析框架。

（2）三重测交（TTC）设计。TTC 设计以亲本及其杂种 F_1 作为回交亲本，主要针对 F_2 或 RIL 群体进行遗传变异分析。该设计能够灵敏地检测基因位点间的上位性相互作用，为揭示复杂性状的遗传调控网络提供了重要工具。通过 TTC 设计，研究者可以更系统地解析被测群体中基因互作的模式及其对表型变异的影响。

（3）永久 F_2（IF）群体。IF 群体是通过 RIL 或 DH 群体内自交系间随机杂交构建的杂交组合，其基因型组成与原始 F_2 群体相似，包含纯合和杂合基因型。由于每个杂交组合可在不同环境中重复试验，IF 群体为杂种优势位点的定位及其遗传机制的解析提供了稳定且可重复的实验材料。该群体最初在水稻中成功构建，随后在玉米、小麦和棉花等作物的杂种优势研究中得到广泛应用，推动了相关作物遗传改良的进展。

（4）渗入系（ILs）和染色体片段代换系（CSSLs）的测交群体。ILs 和 CSSLs 因染色体大部分区域与受体亲本一致，仅少数区段来源于供体，能够显著减少遗传背景的干扰，从而提高杂种优势位点的分辨率和遗传效应估计的准确性。这类群体是研究杂种优势的理想材料。在玉米中，由于不同杂种优势群间存在显著差异，利用同一杂种优势群内的自交系构建 CSSLs 群体，并与骨干自交系进行测交，能够深入解析不同骨干系间杂种优势的遗传基础及其差异机制。

（5）全基因组关联分析（GWAS）。GWAS 是一种在全基因组范围内扫描群体变异并将其与表型性状关联的策略。通过构建含有杂合基因型的测交群体或杂交种作为关联群体，GWAS 能够检测对杂种优势有贡献的等位基因，并同时评估纯合与杂合基因型的效应值。

2. 玉米杂种优势形成的分子证据

玉米杂种优势的形成机制在遗传学领域具有重要的研究价值，其复杂的遗传基础为揭示杂交种 F_1 代表现出的显著优势提供了理论依据。从分子遗传学的视角来看，杂种优势的产生主要源于等位基因间的显性效应、超显性效应以及上位性效应的协同作用。

杂种优势的形成并非单一遗传效应的结果，而是多种遗传互作共同作用的结果。Tang 等（2010）在研究豫玉 22 衍生的 RIL 群体和永久 F_2 群体时，发现单位点上的显性效应和两位点上的加性 × 显性上位性互作对产量杂种优势的形成至关重要。后来又通过高密度遗传图谱分析，进一步证实了显性、超显性和上位性效应在豫玉 22 产量杂种优势中的协同作用。宋方威等（2011）的研究则表明，超显性、加性和上位性等不同类型的遗传互作是株高与穗位高杂种优势形成的遗传学基础。Wei 等（2016）的研究也分别从产量相关性状和苗期耐寒性状的角度，揭示了显性和超显性效应在杂种优势形成中的重要作用。

二、杂种优势形成的分子基础

亲代个体间的遗传多样性是杂种优势产生的根本基础。从分子生物学视角分析，这种遗传差异主要源于双亲基因组序列的变异以及表观遗传调控机制的差异，后者涉及 DNA 甲基化模式、组蛋白修饰状态及非编码 RNA 表达水平等多个层面。这些遗传和表观遗传的差异共同作用于杂交后代，导致其在全基因组范围内的基因表达谱、蛋白质组学特征以及代谢产物谱发生显著改变，最终驱动杂种优势的形成。

（一）基因表达与杂种优势

近年来，在基因表达水平上解释杂种优势形成的分子机制的研究主要集中于杂交种转录组活性变化、杂交种等位基因特异表达和基因差异表达的遗传调控机制等方面。

1. 杂交种转录组活性变化

杂交种转录组活性变化是杂种优势形成机制研究中的核心议题，其本质在于亲本与杂交种在基因表达模式上的系统性差异，这种差异主要表现在 3 个方面：一是基因在亲本与杂交种中均表达，但表达水平存在显著差异；二是基因仅在双亲中表达；三是基因在单一亲本或杂交种中特异性表达。

通过高通量测序技术，研究者在玉米的多个组织器官中已鉴定出大量非加性表达基因。Zhang 等（2012）通过全基因组 SNP 芯片分析，识别出 1 838 个与杂种优势相关的基因，其中仅 37.1% 和 22.4% 杂种优势基因和产量杂种优势基因表现为加性效应，表明能量代谢与碳水化合物途径在产量性状杂种优势中具有关键作用。Li 等（2012）对郑单 958 杂交种及其亲本的研究进一步揭示了逆境胁迫应答基因与转录因子在杂种优势形成中的重要性。Qin 等（2013）的研究则通过定位差异表达基因，为玉米穗部性状的遗传解析提供了重要线索。Paschold 等（2014）发现，在正反交杂交种中均表达的 *SPE* 基因数量显著高于亲本，这一现象暗示了杂交种在基因表达调控上的复杂性。Nie 等（2015）通过多组织转录组分析，证实了非加性表达在杂交种中的普遍性。Song 等（2016）的研究则揭示了衰老促进基因与光合作用相关基因在杂交种中的特异性表达模式，为杂种优势的分子机制提供了新的视角。Ma 等（2018）的研究进一步表明，高密度种植条件可通过调控杂种优势相关基因的表达，影响生物与非生物逆境反应、植物激素生物合成等过程。

2. 杂交种等位基因特异表达

在二倍体杂种的遗传结构中，每个基因均存在两个拷贝，分别源自父本与母本的基因组，这两个拷贝被称为同一基因的等位基因，等位基因特异表达（ASE）是指杂交种中两个等位基因在表达水平上呈现显著差异的现象。在某些极端情况下，其中一个等位基因的表达可能完全被抑制，而另一个则主导表达。这种现象是导致杂交种转录组活性发生显著变化的关键因素之一，对杂种优势的形成及表型多样性具有重要影响。

3. 基因差异表达的遗传调控机制

杂交种与亲本在转录组活性上存在显著差异，这种差异主要体现在基因表达模式的多样性上，涵盖加性表达与非加性表达等多种形式。基因表达的调控机制主要由顺式调控元件及其相互作用的反式作用因子共同决定。Springer 等（2007）在玉米苗期杂交种的等位基因特异性表达分析中指出，顺式作用变异与反式作用变异均能影响等位基因的表达，但顺式作用变异占据主导地位，其作用强度显著高于反式作用变异，从而导致等位基因间表达差异的扩大。

（二）表观遗传与杂种优势

基因组序列变异之外，表观遗传调控机制在染色质结构、基因组活性及基因表达中发挥着关键作用。DNA 甲基化、组蛋白修饰以及非编码 RNA 等表观遗传因素通过复杂的分子机制调控基因表达，其变异可导致显著的表达差异。研究表明，DNA 甲基化模式的变化能够影响基因的转录活性，而组蛋白修饰则通过改变染色质构象来调节基因的可及性。此外，非编码 RNA 通过靶向特定基因或调控网络，在基因表达调控中扮演重要角色。在杂种优势的形成过程中，这些表观遗传因素均显示出潜在的调控功能。然而，目前关于表观遗传机制与玉米杂种优势之间直接关联的研究仍处于初步阶段，相关证据尚不充分，亟须进一步深入探索以揭示其内在的分子机制。

1. DNA 甲基化与杂种优势

亲本与杂交种之间的甲基化水平及模式，与基因表达量和杂种优势显著相关。Zhao 等（2007）通过比较 3 个自交系及其正反交组合的甲基化水平，发现玉米杂交种中 6.59%~11.92% 的甲基化位点发生改变，表明特定甲基化水平与基因表达量及杂种优势存在关联。而基于 12 个自交系的甲基化分析及 132 个 F_1 杂交种的产量数据，进一步证实玉米产量的杂种优势与亲本间 CHG 甲基化差异呈显著正相关，而与 CG 或 "CG+CHG" 甲基化无关。Liu 等（2014）利用甲基化敏感扩增多态性技术对玉米杂交种及其亲本的多个组织进行全基因组甲基化分析，发现杂交种的总甲基化水平低于亲本，且去甲基化现象更为显著。这些结果表明，杂交种的低甲基化水平及去甲基化作用导致基因去抑制，从而促进更多基因表达，最终影响杂种优势的形成。

2. 组蛋白修饰与杂种优势

组蛋白赖氨酸的乙酰化和甲基化是研究较为深入的修饰类型，分别由组蛋白乙酰基转移酶和组蛋白甲基转移酶催化。其中，组蛋白乙酰化通常与基因转录激活相关，而组蛋白甲基化既可促进转录激活，也可介导转录抑制。

3. 小分子RNA与杂种优势

小分子RNA（sRNA）作为生物体内非编码RNA的重要组成部分，在杂种优势的形成中也具有显著影响。sRNA主要包括miRNA和siRNA，前者通过调控靶标mRNA的活性影响基因表达，后者则通过RNA介导的DNA甲基化（RdDM）机制调控转座子活性及基因组稳定性。

（三）蛋白产物与杂种优势

在杂种优势的研究中，尽管转录组学分析为解析其遗传机制提供了重要线索，但转录水平的调控并不能全面反映蛋白质层面的动态变化。蛋白质作为细胞和组织的基本组成单元，承担着多种生物学功能，包括结构支持、信号传导、物质运输及催化反应等。因此，从蛋白质组学角度探讨杂交种与其亲本之间的差异蛋白表达模式，对于揭示杂种优势的分子机制具有关键意义。

胚对产量、种子萌发及生长势等性状具有决定性影响。为探究幼胚发育与种子萌发中的杂种优势机制，研究人员通过双向电泳技术，分析了玉米正、反交杂交种及其亲本在授粉后25 d和35 d的未成熟胚中蛋白质表达谱。研究发现，24%的蛋白质表现出显性、超显性或部分显性的非加性表达模式，其中葡萄糖代谢相关蛋白在幼胚杂种优势的形成中发挥了重要作用。

根系是植物吸收水分和矿物质的主要器官，在生长发育中具有重要作用。Marcon等（2013）利用液相色谱—质谱联用技术，分析了玉米杂交种及其亲本种子根中的蛋白质表达模式，发现核糖体蛋白在杂交种中呈现高亲或超高亲表达，这可能与其根系的快速生长及杂种优势的形成密切相关。

叶片作为光合作用的主要器官，其蛋白质表达模式也受到关注。曾有研究通过双向电泳和质谱技术，比较了玉米杂交种及其亲本苗期叶片基部的蛋白质组，共鉴定出52个差异表达蛋白，其中16个呈现非加性表达模式。

雌穗是决定玉米产量的关键器官，其发育过程中的蛋白质表达模式对杂种优势的形成具有重要影响。郭宝健等的研究表明，海藻糖代谢基因在玉米幼穗发育中的差异表达可能与穗粒数杂种优势的形成有关。Hu 等（2017）通过串联质谱标签技术，在杂交种 ZD909 及其亲本的小花形成期雌穗中鉴定到 3 752 个差异表达蛋白，其中 63.6% 呈现显性表达模式，碳/氮代谢相关蛋白的显性表达可能是其杂种优势的重要分子机制。

花丝活力作为影响授粉质量的关键因素，其杂种优势的形成机制也受到关注。Ma 等（2015）的研究发现，花青素代谢通过调节激素的局部分布，参与了花丝活力杂种优势的形成。

（四）基因组剂量效应

基因组剂量效应在调控等位基因表达中具有显著作用，但其与杂种优势之间的具体关联尚未完全阐明。对二倍体与三倍体玉米自交系 B73、Mo17 及其正、反交杂交种的农艺性状进行系统研究，发现了基因组剂量对杂种优势的潜在影响。研究表明，二倍体正、反交杂交种在 6 个农艺性状上表现出相似表型，而三倍体正、反交杂交种在 8 个性状上存在显著差异。进一步分析杂种优势值发现，三倍体正、反交杂交种的超亲杂种优势差异更为显著，且其性状差异与二倍体及三倍体自交系的性状差异呈正相关，但与二倍体正、反交杂交种的性状差异无显著关联。这一结果提示，基因组剂量效应是杂种优势形成的关键分子机制之一，而亲本效应对杂种优势的贡献相对有限。此外，对杂种优势相关基因的深入研究，如番茄开花素基因 *SFT*、玉米 *CNR1* 基因的功能分析，进一步支持了基因组剂量效应在杂种优势中的核心作用。这些发现为解析杂种优势的分子基础提供了重要理论依据，并为作物遗传改良提供了新的研究方向。

三、杂种优势形成的生物学机制

杂种优势的生物学机制源于遗传异质性的协同作用，通过优化植株的生理生化代谢过程得以实现。不同性状的杂种优势在分子调控层面表现出显著的差异性。基于正向遗传学与反向遗传学的研究方法，目前已初步阐明了产量、生物量、抗病性等关键性状的杂种优势形成机制，为作物杂交育种的实践提供了坚实的理论基础。

（一）产量杂种优势形成的生物学机制

产量杂种优势的研究中，玉米 *CNR1* 基因作为番茄 *fw2.2* 基因的同源基因，通过调控细胞数目直接影响植株及器官的形态发育。试验表明，*CNR1*

基因的过量表达导致植株体积缩小，而基因抑制或沉默则促使体积增大。进一步研究发现，*CNR1* 基因的表达水平与杂交种幼苗的生长活力呈负相关，提示其通过细胞数目调控机制参与玉米产量杂种优势的形成。

（二）生物量杂种优势的生物学机制

生物量杂种优势的形成涉及昼夜节律、植物激素调控及生长与抗性平衡等多重生理过程。在模式植物拟南芥中的研究表明，杂交种中 H3K9Ac 和 H3K4Me2 的表观遗传修饰抑制了昼夜节律基因 *CCA1* 和 *LHY* 的表达，进而激活叶绿素和淀粉代谢途径中的关键基因，最终导致杂交种光合效率及生物量的显著提升。类似机制在水稻和玉米中也被证实，表明昼夜节律调控的生理代谢途径在生物量杂种优势中具有普遍性。此外，植物激素水杨酸与生长素的协同作用在拟南芥生长势杂种优势的形成中至关重要。

（三）种子萌发能力杂种优势的生物学机制

在种子萌发能力杂种优势的研究中发现，杂交种（B73×Mo17）在外源 ABA 处理下表现出较低的敏感性，且内源 ABA 含量下降速度显著快于亲本。进一步分析表明，ABA 失活基因 *ZmABA8ox1b* 在杂交种中的表达上调，其过量表达可加速 ABA 失活，进而引起细胞壁相关基因的异常表达及细胞增长，最终表现为种子萌发能力的显著增强。这一机制为种子萌发杂种优势的分子调控提供了新的视角。

第三节　杂种优势预测

杂种优势研究的核心目标在于推动其在农业生产中的实际应用。常规方法通常涉及骨干亲本与被测系的杂交，随后对杂种一代进行系统性的评比与鉴定，以筛选出具有显著优势的组合并投入生产。这一过程不仅耗费大量的人力、物力和时间，且效率较低，难以快速满足生产需求。因此，开发高效、精准的杂种优势预测技术，对于加速优良新品种的选育进程具有重要的理论意义与实践价值。当前，在玉米杂种优势预测领域，主要采用的方法包括遗传距离法、杂种优势类群法以及基于组学数据的杂种优势预测模型等。

一、遗传距离法

亲本间的遗传异质性构成了杂种优势现象的核心基础。遗传距离这一概念，作为衡量不同种群或物种间基因差异程度的量化指标，已在植物育种实践中得到了系统的验证与普遍认可。通过数量性状分析等传统方法，研究者能够精确测定遗传距离，并深入探究其与杂种优势之间的内在关联。随着分子标记技术的不断革新，现已能够准确识别亲本间的分子标记遗传差异，并建立其与杂种优势之间的具体相关性。

（一）基于数量性状遗传距离的预测

数量性状遗传距离的预测方法植根于数量遗传学理论框架，采用多元统计分析技术对生物体的数量性状遗传差异进行量化评估。该方法通过构建基因型值的线性组合，生成综合指标，进而计算各亲本的主成分值。这些主成分值构成多维空间中的坐标向量，向量间的几何距离即定义为亲本间的遗传距离。基于遗传距离的聚类分析可为亲本选配及杂种优势预测提供科学依据。

以甜玉米育种为例，研究者通过对70个自交系数量性状表型值的系统分析，结合42个自交系间89个杂交组合F_1的产量与含糖量数据，证实了F_1代产量对照优势与双亲遗传距离之间存在显著的二次曲线关系，这为杂种优势的定量预测提供了理论支撑。

利用数量性状遗传距离进行亲本选配和杂种优势预测，优势在于能够全面反映植物性状的遗传基础，揭示基因型与环境互作的综合效应。然而，其应用过程中需注意两个关键问题：一是性状数量化的准确性直接影响预测结果的可靠性，这要求建立客观的量化标准，最大限度降低人为误差；二是考查性状的选择应遵循试验目的导向原则，并非性状数量越多越好，而是需要科学筛选具有代表性的性状指标。

（二）基于分子标记遗传距离的预测

DNA分子标记技术作为现代分子生物学的重要成果，其基于DNA多态性的特性为生物个体遗传研究提供了全新的视角。

玉米作为最早应用分子标记技术进行杂种优势预测的作物，相关研究具有重要参考价值。研究人员利用RFLP探针技术，首次证实了玉米自交系间遗传距离与杂种优势间的显著相关性。刘新芝等（1998）运用RAPD方法，进一步验证了遗传距离与杂交组合F_1代产量、特殊配合力及中亲杂种优势值间的正相关关系。孙祎振与崔心刚（2001）的研究则拓展了该技术在糯玉米领域的应用，证实了RAPD遗传距离与F_1产量间的显著关联。

吴敏生等（1999）的研究虽然发现了 RAPD 遗传距离与杂交种产量的显著相关性，但决定系数较低，表明其预测价值有限。袁力行等（2000）的综合研究进一步证实，尽管分子标记遗传距离与 F_1 杂种优势呈正相关，但其相关程度尚不足以支撑准确的预测。

引起上述现象的可能原因：①杂种优势的形成涉及基因、mRNA、蛋白质等多层次因素的协同作用，仅从 DNA 层面进行预测存在局限性。②分子标记位点的随机分布特性，可能导致其与杂种优势相关 QTL 或基因座位的关联性不足。③分子标记虽不受环境影响，但杂种产量和优势表现对环境因素极为敏感，不同环境条件下的表现差异可能影响遗传距离与杂种优势的相关性。

二、杂种优势类群法

杂种优势群的形成源于自然选择与人工干预的双重作用，通过种质资源的互渗与遗传重组，构建出遗传多样性丰富、有利基因频率较高、配合力显著且种性优良的育种基础群体。这类群体在自交系选育中表现出较高的遗传潜力，能够显著提升高配合力自交系的筛选效率。杂种优势模式则基于不同杂种优势群之间的基因互补效应与特殊配合力，通过特定配对组合，能够产生显著的杂种优势，进而提高强优势杂交种的出现概率。在玉米育种实践中，科学划分自交系的杂种优势群并建立相应的杂种优势模式，是定向改良自交系与优化杂交组合的关键策略，对提升育种效率具有重要价值。长期以来，国内外研究者致力于探索自交系间遗传多态性与亲缘关系的快速鉴定方法，以推动杂种优势群的划分与杂种优势的精准预测。目前，杂种优势群的划分主要依赖于系谱分析、形态学指标、数量遗传学方法以及分子标记技术等多维度的研究手段，这些方法为育种实践提供了理论依据与技术支撑。

1. 系谱法

系谱法通过追溯种质来源确定亲缘关系，进而划分杂种优势群，然而其局限性在于部分种质系谱记录不完整或缺失，难以精确量化种质间的遗传距离。

2. 形态指标法

形态指标法基于表型性状进行聚类分析，但其划分结果常与种质的亲缘关系和地理分布存在偏差，表明表型特征与遗传背景之间并非完全对应。

3. 数量遗传学方法

数量遗传学方法则通过分析杂交种的杂种优势表现与变异特征进行划分，其中特殊配合力被视为划分杂种优势类群的重要依据。

4. 分子标记法

分子标记法为杂种优势群的划分提供了更为精确和高效的手段。与系谱法和形态指标法相比，分子标记法能够克服系谱记录不完整和表型变异的局限性，实现大规模遗传种质的快速分类。

三、基于组学数据的杂种优势预测

（一）基于基因组数据的杂种优势预测

基因组数据在杂种优势预测中的应用已成为现代遗传学研究的重要方向。基因组序列作为遗传信息的载体，通过与外界环境的相互作用，共同决定了杂种优势的表现。传统的遗传距离法和杂种优势类群法在预测杂交后代表现时，往往忽视了与杂种优势相关的特定遗传位点，导致预测结果存在显著偏差。相比之下，基因组预测法通过整合自交系全基因组遗传信息及其对应杂交种表型数据，构建训练群体，评估每个遗传位点对表型的贡献值，进而预测杂交后代的表现。这种方法由于全面考虑了与杂种优势相关的所有遗传位点，显著提升了预测的准确性。

基因组数据预测杂种优势的准确性受多种因素制约。Technow 等（2014）通过对 1 254 个玉米单交种及其亲本的基因型分析，发现杂交种籽粒产量的预测准确性为 0.75~0.92，籽粒含水量的预测准确性为 0.59~0.95。预测准确性与训练群体的大小、预测群体亲本在训练群体中的参与程度密切相关。训练群体规模越大，杂交种杂种优势的预测准确性越高；预测群体亲本在训练群体中的参与程度越高，预测准确性也相应提升。

Zhang 等（2015）通过对 19 个热带群体材料的分析，探讨了 SNP 标记密度、预测性状及预测模型对杂种优势预测准确性的影响。研究结果表明，对于遗传力较高且性状简单的表型，低密度标记已能较好地预测杂交种表现；而对于性状复杂或遗传力较低的表型，高密度 SNP 标记的预测能力显著优于低密度标记，复杂性状的预测准确性普遍低于简单性状。此外，基于基因型与环境互作的预测模型在杂种优势预测中表现出更高的适用性，相较于其他模型，其预测结果更为准确和稳定。

（二）基于转录谱、代谢组数据的杂种优势预测

杂种优势的预测机制在植物育种学中具有重要的理论与实践意义，其核心在于解析基因表达与代谢产物在杂种优势形成中的调控作用。基于转录组与代谢组数据的预测方法，已成为该领域的重要研究方向。其理论基础在于通过构建转录本、代谢物与杂交种表型之间的定量关系，实现对杂种优势的精准预测。研究表明，转录组与代谢组数据在杂种优势预测中均展现出显著的应用价值。Feher等（2014）通过对4个玉米自交系及其12个杂交种的根系代谢物分析，结合根系生物量表型数据，证实亲本代谢物可用于预测杂交种生物量表现。Li等（2017）的研究进一步拓展了这一发现，通过比较自交系与杂交种在不同生长环境下的代谢组特征，发现杂交种代谢水平具有更高的稳定性，其中根系与叶片中最稳定的代谢物分别可解释田间植株生物量表型变异的37%～44%，这为利用室内幼苗代谢组数据预测田间杂交种表现提供了理论依据。

（三）不同组学预测法的比较

为了比较利用基因组和代谢物数据预测玉米杂种优势的准确性，Riedelsheimer等（2012）搜集了285份马齿型玉米自交系，与2个硬粒型自交系组配，共产生570个杂交组合，并测定杂交组合的7个重要性状。同时，利用高通量技术分析了自交系的基因型以及130种叶片代谢物的含量。研究发现，对于每个性状，用基因组预测杂种优势的准确性均高于用代谢物数据预测。Westhues等（2017）全面分析了利用基因组、转录组和代谢组数据及它们的组合预测玉米杂交种表现的能力。结果表明，基因组法结合转录组法可以最大限度地提高杂交种性状的可预测性，代谢组法的预测能力最差。基因组法和转录组法的预测能力在不同性状中有差异。对于干物质含量、纤维含量、脂肪含量、淀粉含量、糖含量，基因组法的预测能力高于转录组法；而对于干物质产量和蛋白质含量，转录组法的预测能力高于基因组法。

第四章

玉米群体改良技术

04

第一节　玉米群体改良概述

一、玉米群体改良概念

玉米群体改良是一种基于优良玉米种质构建的变异群体，通过系统化技术手段实现周期性鉴定、选择及异交重组的育种策略。其核心目标在于打破基因连锁，促进基因重组，从而优化群体性状表现与配合力水平。该方法在维持群体遗传变异的基础上，通过定向选择提高有利等位基因的频率，进而实现群体性状的改良与选择效率的提升。从遗传学角度来看，群体改良的本质在于对平衡群体施加选择压力，持续打破基因及基因型频率的平衡状态，逐步提高符合育种目标的基因与基因型在群体中的占比。

二、群体改良发展概述

玉米群体改良的主要手段之一是轮回选择，该方法自20世纪初逐步发展并广泛应用于育种实践。1919年H. K. Hayes和R. J. Garber率先探索了轮回选择的应用潜力。随后，E. M. East和D. F. Jones分别提出了类似的理论设想。1940年M. T. Jenkins进一步明确了轮回选择的具体方法。1945年，F. H. Hull正式提出"轮回选择"这一概念并在1952年详细阐述了其在玉米群体改良中的应用，特别是在提升特殊配合力方面的作用。经过多轮选择与重组，逐步优化群体遗传结构，为后续育种工作奠定了理论基础（邹德秀，1995）。

美国艾奥瓦州立大学在玉米群体改良领域取得了显著成就，其代表性案例是对BSSS群体的持续改良。自1939年起，经过数十轮选择，BSSS群体衍生出B14、B37、B73等一批优良自交系，这些材料为美国玉米杂交种的选育提供了重要资源。BSSS群体不仅是Reid黄马牙种质的主要来源之一，还与美国玉米带广泛使用的自交系具有密切遗传关联。Reid黄马牙与Lancaster的杂种优势模式至今仍在美国玉米育种中占据主导地位。

国际玉米小麦改良中心（CIMMYT）自1973年起致力于玉米种质资源的系统性研究。早期工作主要集中在种质资源的分类与筛选，选育了一批开放授粉品种（OPV），并将其作为育种资源推广至全球。自1985年起，CIMMYT将群体改良与杂交种选育相结合，注重群体表现与杂种优势模式的优化，先后合成了 THG-A、THG-B 等群体。通过全同胞与半同胞轮回选择，CIMMYT 培育出一批适应多种生态环境的高产、抗病、耐逆玉米种质。1996 年后，CIMMYT 进一步强化了相互轮回选择（RRS）的应用，最初用于 ETO 与 Tuxpeno 种群的改良，随后扩展至 P21 与 P328、P22 与 P43 等多对杂种优势群体。

我国玉米群体改良研究起步较晚，但进展显著。辽宁省农业科学院是我国较早开展相关研究的单位之一，其通过对哈大顶品种的改良，成功选育出大穗型辽巨群体及高赖氨酸自交系辽巨 311。陈庆华（1983）针对丹玉号玉米单交种的亲本自交系，采用相互轮回选择方法进行群体改良，经过 24 年的持续研究，取得了显著成果。李竞雄（1979）提出大力开展群体改良的倡议，合成了中综Ⅰ号和中综Ⅱ号群体，并通过半姊妹轮回选择对中综Ⅱ号进行改良，每轮遗传增益达 7%。我国还引进了南美洲改良群体 Tuxpenol 号，经改良后定名为墨白 1 号，在玉米育种中发挥了重要作用。后续研究进一步合成了 ZZ3、ZZ4 等群体，并采用 S_1 混合选择、改良半同胞相互轮回选择等方法进行优化。中国农业大学在玉米群体改良领域也取得了突出成就。宋同明等（1992）通过 20 多年的研究，利用轮回选择方法创造了北农大高油等 9 个高油玉米群体，含油量平均达 15.5%，并选育出一批高油玉米自交系与杂交种，如中农大高油 4515 与中农大高油 5580，兼具高产、高油、抗病等特性。戴景瑞等通过两轮混合选择，育成优良自交系综 3 与综 31，组配了农大 60、农大 3138 等杂交种。河南农业大学则合成了豫综系列群体，并通过半同胞轮回选择对豫综 5 号进行改良，育成了新玉 34、豫单 2001 等新品种。陕西省农业科学院自 1976 年起广泛搜集玉米资源，合成了陕综 1 号、陕综 2 号等改良群体，为玉米育种提供了重要基础材料。四川农业大学则从 20 世纪 70 年代起在群体合成与改良方面开展了大量研究，显著提升了四川及西南地区的玉米育种水平。

三、群体改良的作用

（一）创造新的优异种质资源

玉米是杂种优势利用最为广泛的作物之一。由于长期依赖二环系选育方法，玉米近缘野生资源的利用逐渐减少，导致种质资源的遗传基础趋于单一和狭窄。这种现象不仅加剧了育成品种的遗传脆弱性，还严重制约了玉米生产水平的进一步提升。自 20 世纪 60 年代以来，美国玉米生产对品种提出了更为严格的要求，必须兼具高产、优质、多抗和适应性强等综合特性，而育种群体遗传基础的狭窄成为实现这一目标的主要瓶颈。在此背景下，美国艾奥瓦州立大学通过合成并改良玉米坚秆综合种（BSSS），成功选育出在美国玉米育种中广泛应用的自交系B73。随着改良工作的持续推进，后续又相继选育出B79、B84和B85等优良自交系。研究表明，采用群体改良方法能够有效提升基础群体的优良基因频率，打破不利基因与有利基因之间的连锁关系，从而将不同种质的优势基因聚合，合成或创造出新的优异种质资源。这一过程不仅显著扩大了基础群体的遗传多样性，还大幅提高了选育优良玉米自交系的效率，为玉米育种水平的整体提升奠定了坚实基础。

（二）选育优良的综合品种

通过群体合成与群体改良技术，能够培育出具备优良性状的综合品种，直接应用于农业生产实践。玉米综合品种的推广种植，对于提升山区及低产区的玉米产量具有显著作用。20世纪90年代，国际玉米小麦改良中心（CIMMYT）向热带与亚热带地区的第三世界国家提供了改良群体，以促进当地玉米生产的发展。我国广西、云南、贵州等地区曾大规模推广种植墨白1号与墨白94号等品种，取得了显著成效。20世纪70年代，李竞雄等（1980）采用一母多父的杂交方法，成功合成了玉米综合种中综Ⅱ号，其改良群体在广西地区得到广泛应用。此外20世纪70—80年代四川农业大学通过群体合成技术培育的综合品种及其改良群体，在四川山区成功推广，为当地玉米生产的提升提供了重要技术支持。

（三）改良外来种质的适应性

跨生态区引入的外来种质通常难以适应目标地区的生态环境，然而，这些种质往往携带本地种质所不具备的优良基因资源。通过系统性的适应性改良，这些外来种质有望转化为具有突破性价值的育种材料。以我国对泰国热带玉米群体Suwan1的改良为例，成功实现了其在引入地区的生态适应性优化。在国家"948"计划支持下，中国农业科学院张世煌团队构建了跨区域协作网络，对CIMMYT玉米种质资源进行了从南至北的梯级驯化改良。这一过程有效解决了热带玉米种质因光周期敏感性导致的晚熟、植株过高及雌雄发育失调等问题。经过多年"接力式"改良，已成功培育出适用于北方玉米产区的热带、亚热带玉米种质。其中，CIMMYT优良群体墨白962经过广西、四川、河南等地的连续驯化改良，最终在北京地区表现出良好的适应性。在改良策略上,可采用外来种质与本地种质的杂交育种,或通过外来种质内部优良家系间的杂交,结合明确的育种目标,逐步提升外来种质的生态适应性。

(四)有利于统筹协调近期和中长期育种目标

短期高效性与中长期创新性之间存在显著的协调需求。通过轮回选择这一系统化方法,育种工作者能够实现双重目标:一方面,从经过改良的种质资源中筛选出优良自交系,并迅速应用于杂交组合的构建,以满足当前生产需求;另一方面,该方法能够依据既定育种规划,对群体进行持续改良,确保遗传资源的不断优化与创新。这种机制不仅提升了育种效率,还为玉米育种工作的可持续发展提供了坚实的理论基础与实践路径,从而在时间维度上实现了育种目标的有机统一与动态平衡。

第二节 群体改良的理论与方法

一、群体改良理论

(一)Hardy-Weinberg 定律

Hardy-Weinberg 定律是群体遗传学中的核心理论之一,阐述了在特定条件下群体内基因频率和基因型频率的稳定性。该定律适用于一个理想化的随机交配群体,其规模需足够大,以确保遗传变异的随机分布。在二倍体生物中,假设存在等位基因 A 和 a,其频率分别为 p 和 q,则基因型为 AA、Aa、aa 的频率分别为 p^2、$2pq$、q^2。这一模型表明,在无外界干扰因素(如自然选择、突变、迁移或遗传漂变)的情况下,群体内的基因频率和基因型频率将在世代间保持恒定,从而实现遗传平衡。

自然界中的群体往往受到多种进化动力的影响,这些力量会持续改变群体的遗传结构,打破 Hardy-Weinberg 平衡。例如,自然选择通过筛选适应性更强的个体,改变特定基因的频率;突变引入新的遗传变异;迁移导致基因流的产生;而遗传漂变则在小群体中随机改变基因频率。这些因素共同作用,推动群体的进化进程,使其偏离理想化的遗传平衡状态。因此,Hardy-Weinberg 定律不仅为理解群体遗传学提供了理论基础,也为研究进化机制提供了重要的参考框架。

（二）选择和基因重组

在玉米遗传育种领域，选择和基因重组是驱动群体基因频率与基因型变化的核心机制。选择通过打破群体的遗传平衡，促使优良基因的频率显著提升。异交则通过解除有利基因与不利基因之间的连锁关系，促进有利基因的重组，从而增加群体中优良个体的出现概率。群体改良的原理基于群体进化的基本规律，通过种质合成、自由交配、鉴定选择等一系列育种技术手段，推动基因重组的发生，进而提升群体中优良基因的频率。优良基因频率的提高直接导致后代中优良基因重组体的概率增加，即优良基因型的频率显著上升。

玉米的诸多性状，如产量、品质、生育期等，均属于数量性状，受微效多基因的调控，具有高度复杂的遗传基础。这些性状的遗传表现是多基因共同作用的结果，各基因之间相互联系、相互制约，其作用性质和方向可能相同或相异。性状遗传基础的复杂性，同时也预示着性状重组的多样性和可选择性。通过将不同种质中潜在的有利基因充分整合，在不断提升性状表达水平的过程中，选择机制能够有效实现育种目标，为玉米遗传改良提供坚实的理论基础和实践路径。

二、改良用基础群体

（一）基础群体的分类

基础群体的选择是决定改良效果的核心因素之一。群体改良的成效主要依赖于群体内部的遗传变异程度以及加性遗传效应的显著水平。具体而言，目标性状的遗传变异范围、性状表现的平均值、加性遗传方差的大小以及杂种优势的潜在表现，均为基础群体筛选的关键依据。以玉米为例，作为典型的异花授粉作物，其基础群体的构建通常基于开放授粉品种、复合品种或综合品种。这些群体类型的选择不仅能够提供丰富的遗传多样性，还能为后续的遗传改良提供稳定的遗传基础。

1. 开放授粉品种

开放授粉品种涵盖地方品种和外来品种两大类。地方品种在长期的自然选择过程中，形成了对特定生态环境的高度适应性，是玉米育种中不可或缺的遗传资源。然而，这类品种往往在丰产性方面表现欠佳，尽管其抗逆性和适应性较强。外来品种则是指从其他生态区域引入的品种群体，其特点是遗传变异丰富、来源广泛，常携带地方品种所不具备的优良性状。通过引入外来品种，可以有效拓宽当地品种的遗传基础，增加遗传异质性，并导入特异性状优良基因。例如，张世煌曾从 CIMMYT 引入 20 多个群体，显著丰富了我国玉米种质资源。然而，地方品种和外来品种均存在明显的优缺点，直接利用存在局限性（段运平等，2006）。因此，将不同来源的品种进行杂交，作为改良的基础群体，往往能取得优于单一品种群体的效果。

2. 复合品种

复合品种是通过多个优良自交系复合杂交形成的杂交种。这类品种具有较为丰富的遗传基础，综合性状表现优异。经过数次自由授粉后，复合品种可作为中期育种工作的基础材料或中间材料，用于进一步的遗传改良。CIMMYT 向全球发放的品种中，大部分属于此类群体，其在全球玉米育种中发挥了重要作用。

3. 综合品种

综合品种则是育种家根据特定育种目标，选用优良自交系，通过人工合成的遗传群体。这类品种不仅遗传变异丰富，还包含了育种目标所需的优良基因，综合性状表现优异，是玉米遗传改良的理想选择。例如，20 世纪 80 年代中后期，荣廷昭针对四川省玉米育种需求，成功合成了综合品种群体。通过应用三重测交遗传交配设计，制定了群体改良方案，并估计了遗传效应，实现了群体遗传改良、自交系选育及杂交种选配的同步进行，开创了玉米育种的新方法（聂永心等，2005）。

（二）基础群体的合成

玉米群体改良的初始阶段依赖于构建遗传基础广泛的基础群体，基础群体的合成不仅决定了后续改良工作的效率，更直接影响育种成果的遗传多样性与稳定性。在基础材料的选择上，育种者需优先考虑具有显著抗病性、优良农艺性状及高产潜力的自交系或开放授粉品种。这些材料应具备丰富的遗传变异，以便在后续重组过程中实现有利基因的积累与优化。人工合成基础群体时，应特别注意以下几个问题。

1. 基础材料的选用

在基础材料的选择上，应当优先考虑具有优良农艺性状和显著遗传变异的种质资源，包括开放授粉品种、综合种、双交种、单交种以及自交系配制的分离群体等。在正式构建基础群体之前，建议进行为期1~2年的材料筛选工作，重点考察材料对主要病虫害的抗性水平、产量潜力以及其他重要农艺性状的表现。由于玉米群体改良的本质是通过自然存在的有利基因进行重组而非直接创造新基因，因此基础材料必须具备优良的性状特征和显著的遗传变异度。这种遗传多样性不仅有利于优良基因的积累与重组，更能确保新合成群体具备丰富的遗传变异，为后续的改良工作奠定坚实的遗传基础。

2. 基础群体的合成方式

在玉米基础群体的合成过程中，通常采用多种科学方法以实现种质资源的优化整合。一是将筛选出的玉米基本材料按等量种子混合，置于隔离区进行自由授粉，确保基因的随机重组与遗传多样性。二是采用"一父多母"或"一母多父"的授粉策略，通过控制亲本组合，定向合成具有特定性状的新种质群体。三是轮交法作为一种系统化育种手段，通过组配杂交组合并进行比较试验，筛选出最优基因型进行后续杂交，从而实现优良基因的集中与强化。四是将本地种质与外来种质按特定比例进行合成，旨在结合地方品种的环境适应性与外来品种的遗传特异性。

3. 充分重组

在人工合成的基础群体中，外来有利基因或基因复合体常因本地种质主效基因的显性效应而被掩盖，导致其潜在优势无法充分表达。为打破有利基因与不利基因之间的连锁关系，促进新基因型的产生，必须通过多次重组对群体进行遗传改良。四川农业大学针对玉米群体改良的研究表明，基础群体的重组次数与其产量、产量组成性状及性状配合力的改良效果呈显著正相关。具体而言，经过4次重组的基础群体在产量及产量组成性状（除行粒数外）的改良效果上显著优于仅经过2次重组的群体。进一步分析显示，4次重组群体的表型效应值约为2次重组群体的2倍，且在主要经济性状的一般配合力（GCA）效应上，4次重组群体亦显著高于2次重组群体。这一研究结果明确表明，遗传改良基础群体的构建必须通过多次重组才能实现有效的遗传资源利用与性状优化。

三、玉米群体改良方法

轮回选择作为一种周期性群体改良策略，其核心在于通过系统性的鉴定、筛选与基因重组机制，实现群体内增效基因频率的定向提升与减效基因频率的持续降低，从而优化目标性状的整体表现水平。

轮回选择在数量遗传性状的改良领域具有显著优势，尤其适用于产量构成要素的优化、种子与植株品质的改良、抗病虫性的增强以及环境胁迫耐受性的提升等育种目标。从选择与重组单元的差异性出发，玉米轮回选择体系可划分为群体内选择与群体间选择两大类别。群体内选择体系涵盖混合选择、半同胞轮回选择、全同胞轮回选择及自交后代选择等多种方法，其作用机制主要集中于加性基因效应的优化，并显著提升玉米群体的一般配合力。相比之下，群体间选择体系则更为复杂，涉及半同胞交互轮回选择与全同胞交互轮回选择等方法，其作用范围不仅涵盖加性基因效应，同时涉及非加性基因效应的调控，不仅能够优化群体的一般配合力，还可显著提升群体间的特殊配合力。

（一）群体内群体改良方法

1. 混合选择法

混合选择法也称集团轮回选择法，是玉米群体改良领域中最为基础且广泛应用的传统方法之一。集团轮回选择法以操作简便、周期短、成本低等特点，成为早期玉米品种改良的重要手段。其核心机制在于依据目标性状，从原始群体中筛选表现型优良的个体，淘汰劣质个体，并通过互交构建下一轮选择的起始群体。该方法在遗传力较高的单株性状改良中表现较为显著。例如，对外来种质的适应性、开花期、抗倒伏性、果穗类型及部分品质性状的改良均能取得明显的遗传进展。然而，对于多基因控制的复杂性状，如产量性状，其改良效果则相对有限，且常伴随株高、穗位高等农艺性状的负面变化。由于混合选择法仅依赖表现型筛选，无法有效控制授粉过程或进行后代鉴定，环境因素的干扰难以排除，不良基因型的淘汰效率较低，因而整体改良效果受到一定限制。

2. 改良穗行选择法

Lonnquist 提出的改良穗行选择法，是一种系统化的育种策略，旨在通过多阶段筛选与基因重组提升作物遗传品质（盖钧镒，2006）。基本程序如下。

第一季，基于改良目标，从基础群体中依据表型特征筛选出 250 个优良单株，收获并保存其果穗。

第二季，采用多点试验设计，将每穗种子分为 3 份，分别种植于 3 个生态条件各异的试验点，其中一处为隔离区，其余两处为非隔离区。隔离区内采用穗行法种植，每穗一行构成一个家系，作为母本，父本则由250个果穗的等量种子混合而成。母本全部去雄，父本行则去除劣株雄穗，以确保基因重组的精确性。非隔离区的试验点主要用于家系的异地鉴定，其种植时间早于隔离区，为后续优系选择提供数据支持。为提升实验可靠性，建议在三个试验地均设置重复，并在特定穗行间种植原始群体作为对照，以降低试验误差并便于比较分析。乳熟期进行预选，成熟后结合异地鉴定结果，在隔离区中筛选出20%的最优穗行，并从每个入选穗行中选择5个最优单株果穗留种。

第三季，重复第一阶段的种植与选择流程，形成循环优化机制。该方法通过异地鉴定、重复试验、对照设置及隔离区内的基因重组，有效控制了基因型与环境的互作效应，减少了不良基因型的影响，其选择效率显著优于传统混合选择法。改良穗行选择法的突出优势在于将鉴定、选择、重组及授粉控制有机结合，具有周期短、见效快的特点，因而被CIMMYT及国内外众多玉米育种机构广泛采用。

3. 半同胞轮回选择法

半同胞轮回选择法是一种基于基因型选择的育种策略，其核心特征在于所有家系均采用同一测验种作为母本进行测交。该方法通过多轮循环选择，逐步提升目标群体的遗传改良效果。具体做法如下。

第一季，自交和测交。从基础群体C_0中筛选出符合遗传改良目标的个体进行自交，同时与选定的测验种进行测交。测验种的选择具有多样性，既可采用遗传基础复杂的综合品种，也可选用遗传基础较为单一的单交种或自交系，其具体选择需依据育种方案及基因作用类型而定。

第二季，对已获得对应自交种子的测交种进行综合鉴定，包括异地鉴定，并从中筛选出表现最优的10%测交种。

第三季，组配杂交种。将筛选出的最优测交种对应的自交株种子种植成穗行，采用完全双列杂交方式组配单交种，或将其自交种子等量混合后播种于隔离区，通过自由授粉与基因重组，形成改良群体C_1，完成第一轮选择。随后以C_1为基础群体，重复上述过程进行多轮选择，逐步优化群体遗传结构。

对于半同胞轮回选择法，测验种的选择在半同胞轮回选择法中具有决定性作用，其确定需综合考虑玉米育种目标及产量杂种优势中的基因作用类型。测验种既可来自当前选择群体（群体内选择），也可来自其他群体

（群体间选择）；既可以是遗传基础狭窄的自交系，也可以是遗传基础广泛的开放授粉品种、综合种或复合品种；其配合力水平可高可低。由于测验种类型的多样性与选择的灵活性，半同胞轮回选择法在群体改良实践中具有较高的应用频率与广泛的适用性。

4. 全同胞轮回选择法

全同胞轮回选择法是一种基于群体内遗传改良的育种策略，其核心在于通过表型选择优良个体进行成对杂交，进而构建全同胞株系，并通过后代性状表现进行系统鉴定与筛选。该方法的核心特征在于杂交后代的双亲来源相同，即全同胞选择，与半同胞选择形成鲜明对比，后者仅具备一个共同亲本。具体程序如下。

第一季，成对杂交。从基础群体中依据表型特征筛选出优良单株，进行成对杂交，即 $S_0 \times S_0$ 生成全同胞杂交种子。为确保后续操作的连续性，杂交种子被分为两部分：一部分用于田间鉴定，另一部分则保留至第三阶段，作为当选全同胞株系间互交的种质资源。

第二季，杂交种鉴定。全同胞杂交种在重复试验中进行目标性状的系统鉴定，筛选出表现最优的 10% 全同胞株系。

第三季，合成改良群体。基于田间鉴定结果，将第一阶段保留的当选全同胞株系种子等量混合，种植于隔离区中，通过自由授粉合成第一轮改良群体 C_1。

需要注意的是，在每一轮选择过程中，均可选择优良单株进行自交，培育新的自交系，并按照相同模式进行后续轮回选择。全同胞轮回选择的独特优势在于，其在配制成对杂交时，已实现优良单株基因的初次重组，因此在一个轮次改良中，优良基因经历了两次重组过程。该方法实质上是对各株系进行特殊配合力的系统鉴定与筛选，从而显著提升群体的遗传改良效率。

5. 自交后代选择法

自交后代选择（S_1 或 S_2 选择）是一种基于 S_1 或 S_2 代个体表型表现的群体改良策略。该方法的核心在于通过连续自交与选择，逐步优化目标性状的遗传构成。具体步骤如下。

第一季，依据改良目标，从待改良群体中筛选出表现优异的个体，并进行自交，确保样本量不少于 200 株，随后对单穗进行脱粒并妥善保存。

第二季，将部分 S_1 代种子按穗行种植，并设置重复试验以降低环境误差。在生长周期内，系统记录表型数据，并于乳熟期进行初步筛选，成熟期则通过目测选择约10%的优良 S_1 家系。

第三季，将筛选出的优良 S_1 种子等量混合，种植在隔离区中，不人为干预授粉，使其自由授粉，实现基因重组，进行第一轮改良工作。之后的轮次改良可按照相同程序实施。在 S_1 的基础上选择 S_2 代，在 S_2 代中筛选出优良种进行自交，培育出 S_2 家系，培育程序其程序与 S_1 选择相似，并在第三阶段完成第一轮改良。相较于 S_1 选择，S_2 选择在分离家系中多进行一次表型筛选与基因重组，更有利于隐性有利基因的筛选与改良。总体而言，S_1 或 S_2 主要依赖表型选择，对加性基因控制的性状改良效果显著，其中，S_2 选择在隐性基因改良方面更具优势。

6. 综合选择法

综合选择法是一种将两种或多种选择策略整合应用于同一改良方案的方法，也称为复合选择法。该方法可进一步划分为两类：第一类为交替使用多种选择策略，如在改良穗行法中交替实施家系间选择（后代选择）与家系内选择（混合选择）；第二类为同时采用多种选择策略，如在半同胞家系（HS）与 S_1 家系法中，从同一多穗植株上同时获取 HS 和 S_1 家系，并对两类家系进行同步评价与比较，从而获取优良个体的相关信息。这种方法不仅能够增加获得有利等位基因及基因型的机会，还能在理论上结合不同选择策略的优势，使预期响应等于各方法预期响应之和，从而显著提升改良效果。研究表明，综合选择法在遗传改良中具有更高的效率与实用性。

（二）群体间改良方法

群体间轮回选择是一种针对两个基础群体进行同步改良的遗传育种策略。其核心在于通过群体间杂交种的直接选择，实现对产量的显著提升，这一效果往往优于对群体自身产量的间接选择。

1. 半同胞交互轮回选择法

第一季，自交并相互杂交。在育种初期，采用自交与互交相结合的方式，对 A、B 两个群体进行双向选择。具体步骤包括：从 A 群体中精选百余至数百个优良单株进行自交，并以这些自交株的花粉对 B 群体中的3~5个优株进行授粉，从而获得测交种 B×A。同时，对 B 群体进行相同操作，获得测交种 A×B，筛选出具有优良性状的个体，为后续育种奠定基础。

第二季，测交种比较鉴定。对 A、B 群体自交单株测配成的测交种进行全面的综合鉴定，以评估测交种在不同环境条件下的表现。同时，将 A、B 两群体的自交穗种子进行妥善贮存，为后续的群体改良提供材料基础。

第三季，合成改良群体。选择 10% 左右的最优测交种对应的自交穗种子，等量混合后种，分别种植在隔离区内，繁育成改良群体 AC_1 与 BC_1。在这个过程中，可从繁育成的改良群体中筛选出优良植株进行自交，培育出自交系。

2. 全同胞交互轮回选择法

全同胞交互轮回选择法是一种基于两个群体间单株成对杂交的遗传改良策略，旨在通过多轮选择与杂交实现群体与自交系的同步优化。基本步骤如下。

第一季，选株自交和杂交双穗特性利用与杂交组合构建。选取群体 A 与群体 B 中具有双穗特性的优良单株，进行精准的杂交操作。具体而言，群体 A 中的单株一穗进行自交，另一穗与群体 B 中的优株进行定向杂交。同时，群体 B 中的优株也进行自交，并将其花粉用于群体 A 对应株的授粉。通过这种双向杂交，可构建 100～500 个 $S_0 \times S_0$，为后续选择奠定基础。

第二季，杂交种比较。多点鉴定与优良后代筛选。对第一季获得的自交穗种子进行标准化贮藏，同时对全同胞测交种进行多点田间鉴定。基于农艺性状、产量表现等综合指标，筛选出表现最优的前 10% 全同胞后代，为下一轮选择提供优质材料。

第三季，群体改良与单交种筛选。依据鉴定结果，选取最优杂交种对应的自交穗种子，采用两种策略进行改良：其一，将种子等量混合后在隔离区繁育，形成改良群体 AC_1 与 BC_1；其二，将种子种植成穗行，配制 A×B 单交种，通过单交种鉴定筛选出优良组合。

第四季，群体优化与循环选择。将改良后的 AC_1 与 BC_1 群体种植于隔离区，通过自由授粉实现基因重组，或直接进入新一轮选择循环。这种循环选择机制确保了群体遗传品质的持续提升。

第三节　群体改良利用

一、群体改良利用原则

玉米群体改良的首要步骤在于对基础群体的遗传背景进行深入分析，

进而选择适宜的轮回选择策略。若原始群体的遗传基础薄弱，无论采用何种选择方法，其改良效果均难以显著。因此，育种过程中应优先选择遗传变异丰富且配合力高的种质资源作为构建基础群体的核心材料，以确保群体内具备足够的遗传变异性，从而提升选择的有效性。若目标性状在群体内缺乏足够的遗传变异或目标基因缺失，选择过程将难以产生预期效果。此外，育种者在选择基础群体时，还需综合考虑性状的平均值，若多个群体在遗传变异上相似，应优先选择平均值较高的群体。轮回选择方法的确定，需依据育种目标、群体特性以及可用的人力与物力资源进行综合评估与决策。

二、影响群体改良效果的因素

（一）原始群体内的遗传变异性

在群体遗传改良的研究中，原始群体内的遗传变异性是决定轮回选择效果的核心因素。轮回选择作为一种高效的育种策略，其应用范围涵盖复合品种、开放授粉品种、人工合成群体、综合种及单交种后代群体等多种类型。然而，单交种后代群体由于其遗传基础相对狭窄，往往难以实现理想的选择效果。相比之下，人工合成群体与复合品种因其丰富的遗传多样性，更易于通过基因重组产生有利的遗传变异，从而显著提升选择效率。研究表明，在杂合群体中进行轮回选择时，初期几轮的选择效应通常呈现线性增长，遗传增益显著；但随着选择轮次的增加，遗传增益逐渐趋于平缓。这一现象表明，选择进展的速度与群体内的遗传变异水平密切相关。只有当原始群体具备足够的遗传多样性时，轮回选择才能发挥其最大潜力。此外，性状的遗传力、选择强度以及试验环境的控制等因素也对轮回选择的效果产生重要影响。

（二）性状的遗传力

性状的遗传力是衡量特定性状在群体中遗传变异程度的重要指标，其核心在于加性遗传方差在总遗传方差中所占的比重。加性遗传方差反映了基因的累加效应，是决定性状遗传潜力的关键因素。高遗传力的性状往往表现出显著的遗传稳定性，因此在育种过程中，此类性状的选择效率较高，能够实现较快的遗传进展。为最大化加性遗传方差的利用效率，需从多个维度优化选择策略。一方面，基础群体中目标性状的遗传方差应维持在较高水平，以确保足够的遗传多样性；另一方面，选择方法需精准捕捉并利用加性遗传效应，避免非加性效应的干扰。需要注意的是，在连续多轮选择过程中，需采取有效措施维持群体内加性遗传方差的稳定性，防止遗传多样性的过度衰减，从而确保长期选择效果的可持续性。

（三）选择强度

选择强度是影响遗传增益的关键因素，其作用在短期与长期遗传改良中均具有显著意义。选择强度的提升能够在短期内显著提高遗传增益，然而，若有效群体含量不足，将导致后代群体遗传方差缩小，进而增加近交风险，加速基因型纯合化进程。这种现象不仅会阻碍连锁基因的打破，还会限制基因重组的形成，对遗传多样性产生负面影响。从长远视角出发，为确保群体的遗传潜力得以持续释放，并实现可持续的遗传改良，维持较大的有效群体含量至关重要。这一原则在种质资源保护与利用研究中尤为关键，因其直接关系到遗传多样性的保存与优化。因此，在制定遗传改良策略时，需在提高选择强度与维持有效群体含量之间寻求平衡，以实现短期效益与长期遗传潜力的协同发展。

（四）试验环境的控制

田间试验的环境条件若存在不一致性或控制不当，将显著影响试验结果的精确性，进而削弱轮回选择的效能。为确保基因型的准确鉴别并缩短选择周期，可采取一系列科学措施以提升选择效率。①点试验的设立能够全面评估基因型的表现，避免单一环境下的偏倚。②通过优化田间小区技术，合理设置重复，可有效降低环境误差。③如果种子资源充足，可采用不完全区组设计进行家系鉴定试验，进一步控制环境误差。田间管理措施的改进，如引入滴灌技术，能够有效减少环境因素的干扰。④利用冬季南繁条件进行基因重组，可显著缩短育种周期，加速优良基因型的筛选与固定。

（五）测验种的选择

测验种的选择是群体内或群体间半同胞、全同胞轮回选择的核心环节。研究表明，采用与目标群体无亲缘关系的优良自交系作为测验种，不仅能够精准评估新选自交系的配合力，还可直接作为亲本材料用于杂交种的组配。该方法已在育种领域得到广泛应用，并证实其显著效果。从遗传改良的角度而言，轮回选择的终极目标在于培育优良自交系并构建高效杂交组合，因此，测验种的选择需严格遵循杂种优势模式，选用与改良对象遗传背景相异且无亲缘关系的群体或自交系。此外，在育种进程的优化中，可依据亲缘关系及杂种优势类群的动态变化，适时将测验种替换为更具遗传优势的新育自交系，以持续提升育种效率。

（六）选择方法的应用

在轮回选择方法的应用过程中，需依据研究单位的资源配置、改良对象的遗传特性及育种目标等多维度因素进行综合考量。不同方法各具优势与局限，因此在实际操作中应审慎选择。在群体改良的初期阶段，适宜采用群体内改良策略，如混合选择、自交后代选择、半同胞轮回选择及全同胞轮回选择等方法。随着改良进程的推进，群体间改良方法则更为适用。

三、群体改良与现代生物技术

传统轮回选择方法因其周期冗长、操作复杂，加之对产量、品质及抗病虫性等数量性状的表型鉴定手段相对滞后，导致育种效率难以满足现代农业发展的需求。随着现代生物技术的突破性进展，分子标记辅助选择（MAS）与单倍体技术等创新手段的引入，为群体改良提供了新的技术路径。分子标记辅助选择通过直接定位目标基因，显著提升了选择的精确性与效率；而单倍体技术则加速了纯合系的培育进程，缩短了育种周期。

（一）标记辅助育种技术与群体改良

1. 生化标记在玉米轮回选择中的应用

同工酶作为基因表达的直接产物，其在玉米育种中的遗传标记功能已得到深入研究与广泛应用。基于生化特性的同工酶分析，能够有效区分表型难以鉴别的细微差异，尤其在产量等数量性状的基因定位中表现出显著优势。

2. 分子标记在玉米轮回选择中的应用

分子标记技术在玉米轮回选择中的应用已成为现代作物育种领域的重要研究方向。基于分子遗传学原理，DNA 分子标记相较于传统生化标记展现出显著优势：其检测不受植物组织类型及生育期限制，可实现基因型的早期鉴定；基因组 DNA 变异数量丰富，多态性高；且多数标记表现为共显性特征，为隐性基因控制性状的选择提供了便利条件。

将 RFLP 标记应用于快速轮回选择，通过对比甜玉米自交系 F_4 家系群体的表型轮回选择（PRS）与分子标记辅助选择（MAS），证实后者在产量性状选择效率上达到前者的 2.5 倍，且育种周期显著缩短。李芦江等（2014）运用 SSR 分子标记评估不同轮回选择方法对群体遗传多样性的影响，发现分子标记技术不仅提高了性状鉴定的精确度，还有效改善了群体主要性状及其一般配合力（GCA），克服了传统同工酶辅助选择的局限性。

尽管分子标记选择在轮回选择应用中有周期短、速度快而且对产量等QTL选择效果显著等优点，但是目前仍不能完全取代表型轮回选择。主要不足在于：①标记研发成本较高，限制了其大规模应用；②当选择与QTL控制的目标性状呈负相关时，可能产生负选择效应；③遗传变异度较小的群体往往缺乏可利用的分子标记；④分子标记辅助选择的应用效果依赖于QTL定位等配套技术的完善，而QTL的精细定位本身受多重因素制约。因此，建议将分子标记辅助选择与传统表型选择相结合，充分利用国内外种质资源，构建遗传基础丰富的改良群体。通过确保中选个体随机交配，促进有利基因重组，逐步削弱产量与品质、抗性等性状间的负相关。在群体改良过程中，可选择优良单株进行自交纯化，作为新材料组配或杂交种亲本直接利用杂种优势。

（二）高密度鉴选技术与玉米群体改良

高密度鉴选技术已成为群体改良的核心手段，其重要性随着生产需求的提升而日益凸显。玉米耐密性作为现代育种的关键性状，直接影响着品种的丰产性与抗逆能力。辽宁省农业科学院在群体改良实践中，采用112 500株/hm^2的S_1密植群体改良法，对辽综群体进行了系统性轮回改良与育种应用研究培育出了一系列优秀品种，如辽单28、辽单30、辽单31、辽单527等。这些品种凭借其耐密性、耐瘠薄性、高产稳产性、优质籽粒特性及快速脱水能力，在东北、华北地区迅速推广，有效解决了传统稀植大穗品种在早熟耐密性方面的不足。

苏桂华等（2014）提出，将种植密度提升至8万~10万株/hm^2，可显著加速群体改良进程。在高密度环境下，能够系统评估材料的抗病性、抗倒伏性、花粉与花丝活力，以及耐旱、耐贫瘠、耐高温等综合性状。此外，高密度条件还可揭示基因型对微环境的响应机制，包括结实率、秃顶率、果穗均匀度、穗位整齐度、籽粒灌浆与脱水速率等关键指标。同时，材料的株型特征、雄穗大小、茎秆韧性、耐密性、抗倒性、根系发育、持绿性及散粉至抽丝间隔等性状，也在高密度条件下得到全面鉴定。

（三）单倍体育种技术与玉米群体改良

单倍体育种技术在玉米遗传改良中的应用已取得显著进展。由于单倍体及双单倍体（DH）植株中不存在等位基因互作效应，如显性与超显性，这一特性显著增强了加性基因的选择效率,进而推动了群体遗传改良的进程。单倍体群体的利用不仅限于优良种质的筛选,还可通过单倍体水平的性状比较分析,评估群体作为加性基因资源的潜在价值。此外,群体间的异质性可能导致超亲分离现象,而单倍体技术能够有效捕捉并解析此类遗传变异。

才卓等(2016)基于国际前沿理论与育种实践,结合跨国公司的育种生产模式,创新性地将单倍体轮回选择遗传修复原理与主体杂种优势模式相结合,构建了一套以自然加倍为核心的单倍体双轮回育种技术体系。该体系整合了分子辅助选择、大数据采集与分析等现代技术,通过双向DH轮回循环选择,逐步累积农艺性状相关有益基因频率,并快速聚合雄穗自然加倍基因,修复单倍体自身的加倍能力。随着育种进程的深入,形成了两个相互对应的高自然加倍商业化核心种质群。通过杂交与回交等手段,创制出具有高加倍能力与优异配合力的DH系,从而摆脱了对复杂实验室或工厂化加倍技术的依赖,实现了向单倍体田间自然加倍技术体系的过渡。

(四)现代生物技术与双向轮回选择技术

在双向轮回选择技术的实施过程中,母本群体与父本群体之间通过骨干测验种的相互引入,构建了一个动态的遗传改良体系。这些骨干测验种不仅具备优异的性状表现和较高的一般配合力,更在长期的生产实践中得到了充分验证。后代选择的标准并非单纯依赖于育种后代自交系本身的性状,而是基于测交杂交种在多点试验中的综合表现,从而确保所选育的自交系不仅具备优良的一般配合力,还能维持杂种优势群之间的遗传距离。通过多轮选择,优异基因的频率在杂种优势群内逐渐积累,杂种优势得以保持甚至增强,进而持续选育出优良自交系。

双向轮回选择技术的核心在于通过多轮选择,构建遗传基础丰富、含有大量优良等位基因的母本和父本杂种优势群体,为持续育成新的优良杂交种奠定种质资源基础。该技术能够同时对母本和父本群体进行循环改良,逐步提高群体内有益等位基因的频率,并确保育种群体的遗传多样性。随着轮回选择周期的推进,有益基因位点在群体内不断积累,母本和父本群体的一般配合力持续提升,两群体之间的遗传距离逐步扩大,从而实现杂种优势群的整体优化。

现代生物技术的快速发展,如双单倍体技术、分子标记辅助选择技术、转基因育种技术、高通量数据采集技术以及大数据挖掘技术等,正在深刻改变传统玉米育种技术体系。同时,传统育种技术体系在吸纳现代生物技术的过程中不断改进和完善，显著提高了育种效率并缩短了育种周期。例如，在双单倍体技术成熟之前，自交系的纯合过程至少需要 7 个世代，且由于人力、物力的限制，育种早代可测试的杂交后代数量极为有限。随着分子育种技术的完善，育种者可以在播种前通过基因型信息对大量育种后代进行筛选，在不增加田间试验的前提下显著扩大育种后代的筛选规模，从而提高选育出优良自交系的概率。这一系列技术的应用，不仅加速了育种进程，也为作物遗传改良提供了更为精准和高效的手段。

  此外，现代生物技术的应用还使得育种者能够更精确地识别和利用关键基因，从而在更短的时间内实现性状的定向改良。例如，通过分子标记辅助选择技术，育种者可以在早期世代中快速筛选出携带目标基因的个体，大大缩短了育种周期。同时，高通量数据采集技术和大数据挖掘技术的结合，使得育种者能够从海量的遗传信息中挖掘出有价值的基因组合，为育种决策提供科学依据。

第五章 玉米诱变技术

生物进化机制的核心要素可归结为遗传、变异与选择三大基本过程。其中,变异作为进化的原始驱动力,其来源主要可分为自然突变与人工诱变两种途径。研究表明,高等生物的自然突变率通常维持在$(1\times10^{-10})\sim(1\times10^{-5})$。在自然生态系统中,植物个体的突变发生频率相对较低,具体表现为单株突变频率介于$(1\times10^{-4})\sim(1\times10^{-2})$,而单基因突变频率则进一步降低至$(1\times10^{-6})\sim(1\times10^{-5})$。鉴于自然突变率的局限性,人工诱变技术已成为现代作物遗传改良的关键手段,其核心价值在于显著提升突变发生的概率。植物诱变育种技术体系通过运用物理、化学及生物等多元化诱变因子,人为诱导植物产生可遗传的变异,继而依据既定育种目标,从诱变后代群体中筛选具有应用潜力的新型种质资源或育种材料,最终培育出符合需求的新品种。该技术不仅能够有效诱发基因突变,同时可促进基因重组,在相对较短的周期内获得优质突变体,为遗传学理论探索与育种实践应用提供了重要的物质基础。从技术属性而言,诱变育种已发展成为现代作物杂交育种体系中不可或缺的关键技术方法。

第一节 玉米诱变技术的发展概述

一、诱变育种技术的发展

自然界生物遗传多样性的本质在于其内部遗传变异的积累与表达。自20世纪初,人类逐步掌握了通过人工手段诱发植物突变的技术,这一技术不仅显著提升了突变频率,还扩展了突变的类型与范围,甚至创造出自然界中未曾出现的新变异类型。其中,有益的突变在作物育种中得到了广泛应用,极大地推动了农业生产的发展。1928年,美国科学家Stadler首次揭示了X射线和镭对大麦和玉米的诱变效应。随后,1930年,瑞典学者通过辐射技术获得了具有实用价值的大麦突变体,其茎秆坚硬、穗型紧密直立。1934年,Tollenear利用X射线成功培育出优质烟草品种。1942年,德国遗传学家首次发现芥子气能够引发类似于X射线的多种突变。1943年,Oehlkers通过化学物质处理月见草、百合和风铃草等植物,在小孢子母细胞减数分裂中观察到染色体畸变(杜比宁,1964)。

20世纪60年代,核技术及其应用研究取得了显著进展,诱变因素从早期的X射线扩展至γ射线、中子等,诱变方法也从单一处理发展为复合处理,诱变规律逐渐被揭示，辐射诱变技术在植物遗传育种研究中得到广泛应用。1964年，联合国粮农组织（FAO）与国际原子能机构（IAEA）联合成立核技术粮农应用联合司，标志着植物核辐射诱变育种技术在全球范围内的推广。

我国核辐射诱变育种研究始于1956年，虽起步较晚，但发展迅速。自20世纪60年代以来，我国利用核辐射诱变技术培育的植物新品种数量逐年增加，尤其在80年代末至90年代初发展最为迅猛。至90年代中期，突变品种的培育进入稳步发展阶段。我国育成的突变品种数量占国际同期总量的1/4以上，种植面积约占全国推广良种面积的10%，个别年份种植面积达900万hm^2，每年为国家增产粮食、棉花及油料作物10亿~15亿kg，年经济效益超过20亿元。与此同时，化学诱变技术在植物育种中的应用研究也逐渐展开。

尽管早期辐射诱变和化学诱变技术在不同植物上取得了一定成效，提高了突变频率并扩大了变异范围，但人工诱变的突变频率仍较低，且突变具有较大随机性。针对这些问题，新的诱变因素及技术不断被发掘和利用。

激光技术作为20世纪60年代的新兴技术，我国于20世纪70年代开始将其应用于植物诱变育种，并率先在小麦、水稻及黄瓜上取得突破，成功培育出浙麦3号、浙麦4号等优良品种，同时获得了早熟小麦突变种质，为育种提供了"早源"材料。激光诱变处理的基础材料涵盖干种子、浸泡种子、裸胚、幼苗、根尖、未成熟花器官、花粉及离体花药等。

电子束作为由加速器产生的诱变因素，曾用于多种作物的处理。在适宜剂量范围内，其生物学损伤较轻，且诱发突变频率高于中子和γ射线，成为一种具有应用价值的诱变源。电子束在水稻诱变中已有成功案例，并在小麦上培育出不育性稳定、恢复源较宽的雄性不育系85EA。

离子注入技术于20世纪80年代初广泛应用于金属材料表面改性，其独特的物理机制和生物学效应使其在植物诱变研究中展现出重要潜力。1986年，中国科学院等离子体研究所率先将离子注入技术应用于诱变育种，其高激发性、剂量集中及可控性使其成为一种新型诱变源。离子注入技术在作物诱变中能够在损伤较轻的情况下获得较高的突变率和较广的突变谱。国外在高能重离子辐射诱变技术研发与应用方面处于领先地位，而我国在低能离子束注入生物应用方面则独具特色。

随着人类将人造卫星送入太空，空间环境对植物的影响研究逐渐展开。20世纪80年代中期，美国将番茄种子送入太空，返回地面后获得了变异番茄。1987年，中国科学院遗传研究所蒋兴村等人首次在我国第9颗返回式科学试验卫星上搭载玉米、水稻等农作物种子，开展空间条件对植物种子的诱变作用研究。随后，全国多家研究单位相继开展空间环境对农作物的生物效应与育种应用研究，开启了我国空间诱变育种的序幕。2006年，我国成功发射"实践八号"育种专用卫星，搭载了包括152种植物、微生物及动物在内的2 020份生物材料，并配备了空间环境探测与机理研究装置。通过国家航天育种工程的组织实施，我国农作物空间诱变育种研究取得了显著成效，培育出一大批高产、优质的作物新品种，涵盖粮食作物、油料作物及经济作物，如水稻、小麦、玉米、大豆、油菜、棉花、花生、芝麻、番茄、青椒、苜蓿等。

将诱变技术与植物远缘杂交、细胞离体培养及单倍体加倍等技术相结合，能够有效打破遗传连锁，扩大重组范围，提高诱变效率，并实现目标性状的高效诱变与高通量定向筛选。电离辐射是人工诱发染色体易位的常用方法，其能够引发染色体随机断裂与重接，产生丰富的染色体结构变异。在植物离体培养中，结合理化因素诱变处理，并应用真菌毒素、除草剂及抗生素等作为选择压进行离体筛选，已成为定向培育抗性突变体的成功方法。

二、诱变育种的特点

人工诱发突变作为一种重要的生物变异创造手段，其核心在于通过人为干预强制生物体发生遗传变异。与传统的常规育种方法相比，人工诱变育种在技术层面与物理学、化学及现代生物技术存在更为深度的关联。物理诱变技术的实施依赖于特定的诱变工具，而化学诱变则建立在特定化学物质的基础上。自1925年伦琴发现X射线后，该技术于1927年首次被应用于生物诱变实验。尽管20世纪初期已有研究表明某些化学物质能够提升突变频率，但真正系统化、高效的化学诱变技术是在碱基类似物、烷化剂及吖啶类诱变剂等物质被发现后才得以实现。中子作为一种高效的辐射源，其诱变潜力的充分发掘则需依托反应堆和加速器等现代科技设备的支持。太空诱变育种技术的诞生更是直接受益于航天科技的进步，通过诱变技术创制的新型突变体，不仅为作物育种实践提供了丰富的材料来源，同时也为基础理论研究开辟了新的探索方向。在当前玉米种质资源日益匮乏、遗传基础日趋狭窄的背景下，运用诱变技术创造新型种质和基因资源，对于推动玉米遗传改良和深化遗传学研究具有重要的理论价值和实践意义。诱变育种的主要特点如下。

（一）提高突变频率，扩大变异范围，创造新类型

通过人为干预手段对作物进行诱变处理，可显著提升基因突变频率并

拓展变异范围，进而实现新型种质的创制。遗传变异是生物进化与品种选育的生物学基础，而诱变育种的核心特征在于其可定向诱导基因突变。相较于自然突变，人工诱变技术不仅能够将突变率提升至自然条件下的数十倍乃至数百倍，同时还可显著扩展突变谱系。这一技术突破使得研究者能够获得在自然条件下极为罕见或通过常规育种方法难以实现的特殊性状与新型种质，从而极大地丰富了植物种质资源库，为现代育种工作提供了具有重要价值的原始材料。通过系统性的诱变处理与筛选，可有效突破传统育种的遗传限制，为作物改良开辟新的途径。

（二）打破性状连锁，促进基因重新组合

某些优良性状与不良性状往往呈现紧密连锁现象，这种遗传关联性严重制约了育种进程。例如，高产特性常与感病性、晚熟性等不利性状共存，而矮秆性状则与早熟性形成连锁。传统杂交育种方法在打破此类性状连锁方面存在显著局限性，难以实现理想的基因重组。然而，通过理化诱变技术可有效诱导染色体结构变异，从而切断连锁基因间的紧密关联。这种染色体水平的结构改变为基因重组创造了必要条件，使育种工作者能够获得具有目标性状组合的新型种质资源。该方法不仅突破了传统育种的瓶颈，更为定向改良作物品种提供了新的技术路径，在提高育种效率和精准度方面具有重要应用价值。

（三）突变性状稳定快，有利于加速育种进程

人工诱变技术所诱导的遗传变异多表现为隐性性状，通过单代自交即可实现纯合突变体的筛选与固定。这种突变体在后续世代中表现出高度的遗传稳定性，有效避免了性状分离现象。该特性显著提升了育种效率，不仅缩短了品种选育周期，更为快速获取具有特定性状的突变材料提供了可靠途径。从遗传学角度来看，这种快速稳定的突变性状为作物改良研究提供了理想的实验体系，使研究者能够在较短时间内完成目标性状的筛选与固定，从而加速育种进程。此外，突变体的快速稳定特性也为深入解析目标性状的遗传机制创造了有利条件，为后续的分子标记辅助选择育种奠定了重要基础。

（四）人工诱发突变的方向和性质具有不确定性

人工诱发突变在遗传改良中的应用存在显著的不确定性，其突变方向与性质难以精确预测。传统理化诱变技术虽能诱导基因变异，但所产生的

有益突变比例较低，多数变异表现为中性或不利性状。此外，多个性状同时发生理想变异的概率极低，这进一步限制了诱变育种的效率。为应对这一挑战，研究者在实际操作中需构建足够大的基础群体，并在处理后扩大种植规模，以确保目标性状的选择概率得到有效提升。这种策略虽能在一定程度上缓解不确定性带来的影响，但仍无法从根本上解决诱变技术的随机性问题，需结合其他育种手段以优化遗传改良效果。

第二节　诱变方法

一、辐射诱变

诱变育种中应用最多的是电离辐射，这是一种较高能量的辐射，能引起物质的电离和激发。

（一）辐射种类

辐射现象在物理学和生物学领域中具有广泛的应用，其本质为能量传递过程，通过激发或电离原子实现物质性质的改变。根据能量强度差异，辐射可分为非电离辐射与电离辐射两大类。非电离辐射以可见光为代表，其能量水平仅能引发物质的热效应，无法导致原子或分子的电离。紫外线作为中等能量辐射，兼具热效应与激发效应，能够促使原子发生电子跃迁。高能电离辐射则进一步分为电磁辐射与粒子辐射两个亚类，前者主要包括 γ 射线与 X 射线，后者则涵盖 α 粒子、β 粒子、质子等带电粒子以及中子等中性粒子。从作用方式而言，辐射处理技术可划分为外照射与内照射两种基本模式，前者通过外部辐射源作用于目标物质，后者则通过放射性物质在目标内部释放能量实现辐射效应。

1. 外照射

外照射是一种辐射生物学技术，其本质在于有机体接受来自外部辐射源的照射作用。该技术主要利用紫外线、γ 射线、X 射线以及中子等电离辐射作为辐照源。从操作层面而言，外照射具有显著的安全性和简便性特征，能够实现大规模样本的处理。根据辐射剂量与时间分布的不同，外照射可进一步划分为急性照射与慢性照射两种类型，亦可依据照射次数区分为单次照射与分次照射。在应用范畴方面，外照射技术适用于多种生物材料，涵盖植物种子、完整植株、花粉、子房、合子、单倍体以及组织培养物等不同层次的研究对象。这种技术通过精确控制辐射参数,能够有效诱导生物体产生可预测的遗传变异,在育种学和遗传学研究领域具有重要的应用价值。

2. 内照射

内照射技术是一种将放射性同位素直接引入植物组织内部的辐射处理方法,通过放射性元素的衰变过程对植物细胞产生生物学效应。该方法主要利用 ^{32}P、^{35}S、^{3}H、^{14}C 等放射性同位素,通过浸泡、注射或饲入等途径实现放射性物质在植物体内的分布。由于放射性物质具有持续衰变的特性,经处理的植物材料在一定时间内会保持放射性,因此必须严格遵守生物安全规范,防止放射性物质进入食物链。在防护措施方面,需要配备专业的辐射防护设备,并建立严格的放射性废物处理流程。从辐射类型来看,α粒子、β粒子及质子等带电粒子因其在生物组织中的电离效应显著,常被选作内照射的辐射源。需要注意的是,该方法在植物遗传育种和生理生化研究中具有重要应用价值,但其操作过程必须遵循严格的辐射安全管理规定,以确保实验人员及环境的安全。

(二)辐射敏感性与诱变剂量

辐射敏感性是决定诱变效果的关键因素,其与诱变剂量之间存在显著的剂量—效应关系。在植物诱变育种实践中,确定适宜的辐射剂量是实现高效诱变的核心技术环节。研究表明,当辐射剂量处于最佳区间时,可显著提高突变频率,获得理想的遗传变异材料。然而,剂量过低将导致突变率显著下降,难以获得有效的遗传变异;反之,剂量过高则会引起严重的细胞损伤,导致存活率急剧降低,不利于突变体的筛选与保留。因此,在诱变处理过程中,必须根据目标植物的辐射敏感性特征,通过系统的剂量—效应实验,确定既能保证足够突变频率,又可维持适当存活率的最佳辐射剂量范围。

1. 辐射敏感性

植物的辐射敏感性是植物生物学研究中的重要概念,指植物个体、组织、器官、细胞或细胞内含物在特定辐照条件下所表现出的形态与功能变化。这种变化主要体现在植物对射线的反应强度及反应速度上。辐射敏感性的评估通常通过一系列量化指标,其中,半致矮剂量(D_{50})用于衡量辐照对植株生长抑制的程度,即株高降至对照一半所需的辐照剂量。半致死剂量(LD_{50})则通过统计辐照后能够完成生命周期的植株比例,确定植物存活率降至 50% 时的剂量。此外，植株不育程度通过花粉败育率、结实率及不育株比例进行表征。其他相关指标包括生长势下降 50% 的剂量值（GD_{50}）及幼苗干物质下降 50% 的剂量值（RD_{50}）等。

研究表明，植物的辐射敏感性存在显著的种间及种内差异，这种差异主要由遗传因素决定。20 世纪 80 年代，我国学者通过对水稻、小麦、大豆及谷子等作物的系统研究，将诱变基础材料划分为敏感型、中间型及迟钝型三类，这一分类为后续研究提供了重要参考。此外，不同倍数体植物的辐射敏感性也存在显著差异，多倍体植物通常表现出较低的辐射敏感性，而二倍体植物则相对敏感。植物不同组织、器官及细胞对辐射的敏感性也因发育阶段及生理状态而异。例如，湿种子尤其是处于发芽阶段的种子比干种子更为敏感，未成熟种子比成熟种子更易受辐照影响。植株整体比种子敏感，幼龄植株比老龄植株更易受到辐照的损害。分生组织及性细胞通常表现出较高的辐射敏感性，而体细胞则相对耐受。

2. 诱变剂量

诱变剂量的选择是辐射育种中的关键因素，其适宜范围受作物种类、处理器官及生长阶段的多重影响。在实践应用中，研究者普遍采用 LD_{50}（50% 植株存活率）作为剂量选择的基准，同时 GD_{50}（生长势下降 50%）和 RD_{50}（幼苗干物重下降 50%）也被视为重要的参考指标。不同作物及品种对辐射的敏感性存在显著差异，以玉米为例，自交系与杂交种对 $^{60}Co\text{-}\gamma$ 射线的耐受性明显不同。研究表明，自交系的适宜辐射剂量范围为 130～210 Gy，而杂交种则需提高至 250～350 Gy。此外，玉米在不同生育阶段对辐射的敏感性也呈现显著变化。实验数据表明，幼苗阶段的适宜剂量为 75～100 Gy，而种子处理的最佳剂量则为 100～150 Gy。进一步研究发现，雄穗分化期（拔节期）的辐射处理对植株当代形态变异的影响最为显著，且有益变异的获得率相对较高。

二、化学诱变

化学诱变是一种基于特定化学试剂对生物体 DNA 结构进行干预的技术手段，其核心机制在于诱导遗传物质发生损伤并引发修复过程中的错误，从而产生可遗传的突变。该技术对生物体的生理损伤程度相对有限，诱变频率虽低于某些物理诱变方法，但所获得的突变体中有利变异的比例较高，且表现出一定的靶向性。不同化学诱变剂因其分子结构和作用机制差异，往往能够引发特定类型的遗传变异，这种特异性为定向诱变提供了理论基础。化学诱变技术的应用范围广泛，尤其在育种和功能基因组学研究中展现出显著优势，其可控性和可重复性使其成为现代遗传改良的重要工具之一。

（一）化学诱变的特点

化学诱变技术在遗传育种领域中展现出显著的特征与优势。其突变机制主要集中于基因水平上的点突变，且特定化学试剂具备较高的突变频率与稳定的突变谱系。相较于辐射诱变，化学诱变剂在诱发点突变方面表现出更高的效率，而染色体畸变的发生率相对较低。该技术具有突变范围广泛、操作简便、成本低廉等优势，且不依赖特殊设备。化学诱变技术的可控性强，剂量易于调节，对基因组造成的损伤较小，同时具备较高的突变率，这些特性使其成为当前应用最为广泛的诱变育种方法之一。

化学诱变技术也存在一定的局限性。化学诱变剂的渗透能力不及辐射射线，其效果受到植物组织结构的制约。此外，化学诱变的效应显现较为迟缓，诱导的断裂可能经历较长的潜伏期。化学诱变还存在药物残留的后效问题，在 M_1 代可能引发显著的生物损伤，因此对后代的选择需要足够大的群体规模。近年来，随着离体培养技术的进步，通过在培养基中添加化学诱变剂，遗传变异的筛选效率得到显著提升，该方法已引起育种学界的广泛关注与深入研究。

（二）诱变剂的种类

化学诱变剂作为诱导生物体遗传物质发生突变的重要外源因素，其种类与作用机制具有显著的多样性。从分子结构维度分析，这类物质涵盖了从简单无机化合物到复杂有机大分子的广泛谱系。其作用机理主要体现为对 DNA 分子结构的直接或间接干预：部分化学物质能够与 DNA 碱基发生特异性结合，导致碱基替换；某些化合物则通过改变碱基的化学构型，引发碱基错配；此外，还存在一类物质能够在 DNA 复制过程中诱导碱基的插入或缺失事件。基于分子结构与作用靶点的差异，化学诱变剂可系统划分为碱基修饰剂、碱基类似物以及 DNA 插入剂（或嵌入剂）等主要类别。

1. 碱基修饰物

碱基修饰物是一类能够通过化学修饰改变 DNA 碱基结构的化合物，其作用机制主要涉及对碱基的化学修饰，从而引发特异性错配，最终导致 DNA 损伤和突变。这类物质主要包括烷化剂、羟胺和亚硝酸等，其中烷化剂在诱变育种领域具有重要的应用价值。

2. 碱基类似物

碱基类似物则是一类在结构上与 DNA 碱基高度相似的化合物，能够在 DNA 复制过程中替代正常碱基掺入 DNA 链中。由于分子互变异构现象的存在，这些类似物在后续复制过程中可能导致碱基配对错误，从而引发碱基替换突变。典型的碱基类似物包括 5-溴尿嘧啶、5-溴脱氧尿核苷和 2-氨基-嘌呤等。

3. DNA 插入剂（或嵌入剂）

DNA 插入剂（或嵌入剂）是一类能够嵌入 DNA 双螺旋结构的化合物，其作用机制在于插入 DNA 双链或单链的相邻碱基之间，从而干扰 DNA 的正常复制过程。DNA 插入剂主要包括吖啶橙、原黄素、吖黄素和溴化乙锭以及近年来发现的吖啶-氮芥衍生复合物。插入剂的作用通常会导致可读框的改变，进而引发移码突变，对基因表达和功能产生显著影响。

(三) 化学诱变的处理方法

1. 处理对象

化学诱变处理的对象涵盖植物的多种组织和器官，其中种子是最为常见的处理材料，其次是完整植株。此外，花粉、花药、合子、单细胞以及组织培养物均可作为诱变对象。种子作为多细胞组织，在诱变过程中易引发细胞间的竞争，导致突变细胞被抑制或消亡，且突变性状常以嵌合体形式呈现，难以获得遗传稳定的突变个体。相比之下，直接对配子进行诱变处理能够有效避免突变细胞被淘汰的现象。由于配子对化学诱变剂具有较高的敏感性，其诱变效率显著提升，诱变范围也更为广泛，且所产生的突变体多为点突变类型，为遗传研究和育种实践提供了更为理想的材料基础。

2. 主要方法

根据材料特点和药剂的性质，处理方法有以下几种。

(1) 浸渍法。将种子或芽体等生物材料置于适宜浓度的诱变剂溶液中，通过渗透作用实现药剂的有效吸收。

(2) 滴液法。通过精确控制诱变剂溶液的滴加速度，将其直接作用于植株的生长点、芽眼或发育中的花序等关键部位，适用于完整植株的处理。

(3) 注入法或涂抹法。采用注射器将诱变剂溶液直接注入植物组织内部,或通过人工制造切口后用浸药棉团包裹,使药剂通过伤口渗透进入植物体内部。

3. 预处理和后处理

化学诱变过程中,预处理与后处理环节对实验效果具有显著影响。预处理阶段,通过浸泡处理可有效增强细胞膜通透性,从而加速诱变剂的渗透速率。同时,该过程能够激活细胞代谢活动,促进DNA合成效率的提升。实验数据表明,对干种子进行预浸泡处理可显著提高其对诱变剂的敏感性。在具体操作中,建议采用低温流水浸泡方式,避免温度过高导致细胞结构损伤。

后处理阶段,经药剂处理的实验材料必须用清水进行充分的冲洗,以最大限度降低药剂残留量,减少对材料的生理损伤。冲洗时间应控制在10～30 min,必要时可适当延长。为有效终止诱变剂的持续作用,可根据不同诱变剂的化学特性选用相应的清除剂。例如,甘氨酸可有效中和氮芥的活性,硫代硫酸钠则适用于解除甲基磺酸甲酯(MMS)和硫酸二乙酯(DES)的作用。处理后的种子可即时播种,或进行干燥处理后储存,待适当时机再进行播种。

4. 诱变剂量与温度对诱变作用的影响

诱变剂量与温度是影响诱变效果的两个关键变量。不同植物物种对诱变剂的敏感性存在显著差异,这种差异性直接决定了诱变剂的最佳浓度范围。实验数据表明,当诱变处理后植株的生长抑制率维持在50%～60%,该浓度可被视为最佳诱变剂量。温度对化学诱变剂的水解动力学具有显著影响,但其对诱变剂在生物体内的扩散速率影响相对有限。在低温条件下,化学诱变剂的水解速率显著降低,这有助于维持其化学稳定性,从而确保其与目标材料的有效相互作用。相反,在高温环境下,诱变剂的反应动力学显著增强,其与生物大分子的作用效率也随之提升。这一现象可归因于温度对分子运动速度和化学键断裂能垒的直接影响。因此,在实验设计中,必须综合考虑目标物种的特异性、诱变剂的化学性质以及环境温度等多重因素,以实现最佳的诱变效果。

(四)甲基磺酸乙酯在玉米诱变中的应用

甲基磺酸乙酯(EMS)作为一种高效化学诱变剂,在玉米遗传改良领域具有显著的应用价值。其作用机制主要通过诱导点突变实现,这一特性使其成为玉米诱变育种的核心工具。

20世纪60年代起，研究者开始探索EMS在玉米育种中的应用，初期采用水溶液处理种子，随后逐步发展出更为精准的处理方法。据研究证实，EMS处理时间与染色体异常率呈正相关，经过7 h处理可达到最高变异频率。利用EMS处理玉米花粉，可实现了高达78%的突变率。Neuffer等（1963）率先将化学诱变剂应用于玉米雄穗处理，并创新性地将EMS与石蜡油结合，解决了化学药剂无法直接诱变花粉的技术难题，并成功应用于玉米成熟花粉处理，获得了多种突变体。薛守旺等（1998）的研究进一步验证了EMS-石蜡油处理对玉米胚乳基因的显著影响，突变率较自然突变提高了100～1 000倍。不同基因的突变率存在显著差异，其中白胚乳基因 $y1$ 的突变率最高，达到29.29%，而甜玉米基因 $su1$ 和糯玉米基因 wx 的突变率分别为2.64%和1.46%。李海军等（2002）通过EMS-石蜡油处理玉米成熟花粉，结合系谱法种植和田间鉴定，成功筛选出早熟、晚熟及株型等具有育种价值的突变体。研究表明，低浓度EMS-石蜡油溶液更有利于产生早熟突变体，而高浓度处理则倾向于产生晚熟突变体。这一技术的不断改进和完善，使其成为国内外玉米诱变育种的主要手段，显著提升了玉米遗传改良的效率。具体操作方法是在玉米雌穗抽出后套袋，将EMS与轻质石蜡油混合制备处理液（EMS浓度0.1%～0.2%）；雄穗抽出后于盛花期前一天套袋，若雌穗花丝过长则修剪至2 cm左右；翌日收集新鲜花粉，去除花药后与处理液混合搅拌45 min，随后用小毛刷将花粉涂抹于花丝上，套袋并记录。待种子成熟后收获所有果穗。

三、太空诱变

（一）太空诱变的概念

太空诱变是一种基于高空特殊环境因素对生物体进行遗传改良的技术方法。该技术依托于返回式卫星、宇宙飞船及高空气球等航天器，将植物种子、组织、器官或完整生命体运送至200～400 km的近地轨道空间。在此过程中，生物体暴露于宇宙射线、微重力、高真空、重离子辐射、弱地磁场及高变磁场等综合环境因子的作用下，其遗传物质将发生不同程度的变异。随后，这些经过空间处理的生物材料被回收至地面，通过系统的突变体筛选与遗传鉴定，最终获得具有优良性状的新种质资源。从学科属性来看，太空诱变是空间科学与生命科学深度融合的产物，其本质是对传统物理化学诱变育种技术的空间拓展与创新延伸。

(二)太空诱变的特点和诱变机理

太空环境呈现出独特的物理和化学特性,其显著特征涵盖极端低温、超高真空、高度洁净、微重力场、高能粒子流、交变磁场以及强电磁辐射等多维要素。这些环境参数的综合效应构成了区别于地球环境的特殊诱变体系,为太空诱变育种研究提供了不可替代的试验平台。研究表明,空间环境的多重因素协同作用能够诱导生物体产生显著的遗传变异,这种变异机制与地球环境下的常规诱变存在本质差异。空间诱变的独特性主要体现在其作用机理的复杂性和不可复制性,其中高能粒子辐射和微重力环境被认为是导致生物体遗传物质发生改变的关键因素。高能粒子可直接作用于DNA分子,引发碱基损伤、链断裂等结构改变;而微重力环境则通过影响细胞分裂、基因表达等生物学过程,间接导致遗传变异的发生。

1. 太空诱变的特点

太空诱变作为一种独特的生物育种技术,其机制与常规诱变方法存在显著差异。该技术依托于宇宙空间环境中多重物理因素的协同效应,如微重力、宇宙射线及高能粒子辐射等,这些因素共同作用于生物体,诱发其遗传物质发生变异。相较于传统诱变手段,太空诱变具有显著优势:一是太空诱变的诱变效应源于自然存在的宇宙环境,不需要人为设置特定的诱变源,从而避免了潜在的安全隐患。二是由于空间环境的复杂性和多因子交互作用,该技术能够产生更为广泛的突变类型,且具有较高的突变频率。从技术操作层面而言,传统物理诱变和化学诱变均需人工构建特定的诱变条件,这不仅增加了实验操作的复杂性,还要求对实验环境及操作人员进行严格的防护措施。相比之下,太空诱变在本质上更接近于自然突变过程,其安全性及可行性具有显著优势。三是太空诱变为探索生物在极端环境下的适应性进化机制提供了独特的研究平台,在农业育种、生物医药等领域具有广阔的应用前景。

2. 太空诱变的机理

太空环境对生物遗传物质的诱变机制尚未完全阐明,但现有研究表明,其诱变效应主要源于空间辐射、微重力及其复合作用等多重因素的协同影响。从研究路径来看,空间诱变机理的探究可沿两个方面展开:一是通过航天技术对空间环境中的辐射、微重力、弱地磁及高真空等要素进行系统性分析，以确定各因素对种子变异的贡献度。二是借助分子生物学与遗传学手段，对航天搭载诱变获得的突变体与其原始亲本进行对比研究，揭示突变发生的分子基础。目前，学界普遍认为太空诱变主要由以下因素驱动。

（1）空间辐射。空间辐射是诱发遗传变异的核心要素之一，其构成包括重粒子、中子、X射线、α粒子及电子等高能电磁辐射。其中，重粒子射线因其高能量特性，展现出显著的诱变效应。与传统的γ射线处理相比，空间辐射具有损伤程度较轻、可促进生物生长等特征，且有益变异的频率显著提升。

（2）微重力。微重力作为空间环境的另一重要特征，其强度仅为地球重力的百万分之一至十万分之一，对植物的细胞结构、生理功能及信号传导等生命活动产生深远影响。研究表明，即便未受到宇宙粒子直接作用，经空间飞行的种子在萌发后仍可观察到染色体畸变现象，且畸变率与飞行时间呈正相关。微重力不仅干扰植物根部生长素的分布与极性运输，还抑制DNA损伤修复系统的功能，从而增强植物对其他诱变因素的敏感性，加剧生物变异。

（3）辐射与微重力等复合作用。空间环境中的各因素并非独立作用，而是存在显著的协同效应。在航天器飞行过程中，微重力能够增强辐射的生物学效应，而旋转与辐射的综合作用则进一步提高了植物组织的辐射敏感性。研究表明，微重力与空间辐射的复合作用可能是太空诱变的主要驱动因素。随着基因组学研究的深入，空间诱变机理的探究已拓展至分子层面。植物基因组中大量存在的转座子与逆转座子序列在空间环境下被激活，其转运能力的增强导致插入、移位及丢失事件的发生率显著提高，进而引发控制特定性状的基因功能改变。

四、基于遗传转化的生物诱变

植物遗传转化技术的持续演进与优化，推动了人工诱变技术的多样化发展。在这一领域中，转座子标签系统的改良成为关键突破点。通过引入转座酶，研究人员实现了转座元件在基因组中的连续跳跃，从而诱导突变。这一策略显著提升了突变体材料的获取效率，同时有效规避了传统玉米转化效率低下的技术瓶颈。李见坤（2012）在玉米Mutator活性系的杂交后代中鉴定出叶片卷曲突变体*roll*，其表型在拔节期显著表现为叶片内卷，遗传分析揭示该性状受单隐性基因调控。这些研究充分展示了转座子插入或T-DNA插入在植物表型改良中的广泛应用与显著成效。

基因编辑技术的兴起为遗传转化领域注入了新的活力。该技术的核心在于通过精确的遗传转化手段实现目标基因的定向修饰，涵盖基因编辑、敲除和敲入等多个层面。尽管这些操作发生在 DNA 分子水平，但其本质上仍属于人工诱变的范畴，只是其技术精度更高、目标导向性更强、操作对象更为微观。基因编辑技术的应用不仅拓展了遗传转化的边界，也为植物功能基因组学研究提供了强有力的工具，推动了作物改良的精准化进程。

五、突变体形成的生物学过程

突变体形成的生物学机制是遗传学与育种学研究的核心议题之一，其过程涉及遗传物质损伤、修复、突变及最终表型呈现的复杂级联反应。从分子层面而言，突变体形成可划分为遗传物质损伤（前突变）、突变发生及突变体形成 3 个关键阶段。前突变指遗传物质遭受潜在可导致突变的损伤状态；突变则表征为遗传物质在分子或细胞水平上发生可遗传的变异；突变体则是指携带特定突变性状的个体，这一性状可通过遗传途径稳定传递，是诱变育种中筛选与鉴定的核心目标。

在理化诱变过程中，DNA 损伤的修复能力是决定突变是否发生的关键因素。研究表明，高等植物对核辐射诱导的 DNA 损伤具有显著的修复效能。例如，^{60}Co-γ 射线诱导的胡萝卜 DNA 单链断裂在照射后 5 min 内可修复约 50%。若理化诱变导致的 DNA 损伤未被修复，则在 DNA 复制过程中可形成分子水平的突变。由于辐射诱变具有单细胞事件的特征，突变细胞在分裂增殖过程中将面临多细胞群体中的竞争压力。通常情况下，突变细胞在二倍体选择阶段会被大量淘汰，这一过程体现了生物体对遗传稳定性的维持机制。

若突变细胞在二倍体选择中未被淘汰，但其仅限于体细胞分裂且未通过无性繁殖或组织培养技术加以利用，则该突变将随个体衰老死亡而消失，无法被纳入突变体库。然而，若突变细胞能够将突变传递至雌雄配子或其中之一，则突变可通过配子传递至下一代，并进入单倍体选择阶段。单倍体选择在花粉粒中的筛选强度显著高于雌配子体阶段，这主要源于雌配子体对突变的包容性较高，而雄配子则对环境因素更为敏感，易在筛选过程中被淘汰。

若突变细胞在单倍体选择中得以保留，则可通过受精过程将突变整合至合子中。经过细胞分裂、增殖及胚胎发育，只要突变不会引发致死效应或严重生理缺陷，即可形成具有特定突变性状的突变体。综上所述，从遗传物质损伤到突变性状的呈现，涉及一系列相互关联且协调的生物学过程，这些过程共同构成了突变体形成的完整机制。

第三节 诱变材料的选择与鉴定

诱变材料的选择在诱发突变的类型、频率及突变性状的利用中扮演着决定性角色。选用适宜的基础材料进行诱变处理,是提升突变频率的先决条件,也是实现目标性状改良的核心要素。不同基因型的基础材料对诱变的敏感性存在显著差异,这种差异不仅体现在相同基础材料的不同组织器官对同一诱变处理方法的反应上,也表现在不同基础材料的相同组织器官对不同诱变处理方法的敏感性上。因此,在诱变育种过程中,必须依据育种目标和诱变处理方法,科学选择合适的基础材料,以确保诱变效果的最大化和育种目标的精准实现。此外,基础材料的遗传背景、生理状态及环境适应性等因素也需纳入考虑范围,以全面评估其诱变潜力。

一、诱变基础材料

诱变育种过程中,基础材料的遗传背景是决定突变频率及诱变效果的关键因素。在育种实践中,应根据育种目标、研究内容及诱变育种的特殊性,科学选择适宜的基础材料。通常优先选择综合性状表现优异的自交系或杂交种作为诱变材料,因其在诱变处理后可直接应用于育种研究,显著提升育种效率。研究表明,选用具有杂合基因型的杂交种或综合种进行诱变处理,能够显著增加突变体的多样性。

遗传基础复杂的材料在诱变过程中不仅能够诱发基因突变,还能促进基因重组,从而获得具有突破性性状的突变体。蔡一林和何晓阳(1995)分别以优良杂交种为材料进行诱变处理,均取得了显著的诱变效果。山东省农业科学院原子能农业应用研究所利用 ^{60}Co-γ 射线处理玉米自交系武105 和多 229 的 F_1 代种子,成功选育出原武 02,并以其为亲本组配出鲁原单 4 号等优良杂交种。丹东农业科学院通过普通玉米自交系白骨旅与野生有稃玉米杂交,并对 S_1 种子用 ^{60}Co-γ 射线照射,成功育成丹 340 和丹 360 等优良自交系。此外,华丰 100、原齐 123、原齐 722 等自交系均通过杂种 F_1 代辐射诱变选育而成。吉林省农业科学院以吉双 1 号干种子为材料,经诱变选育出高抗大斑病和抗倒伏的自交系吉 63(林红,2011)。陈绍江和宋同明(2002)利用 EMS-石蜡油悬浮法处理玉米杂交种农大 108 花粉,成功获得含油量 80～90 mg/g 的高油玉米突变体。

若某个综合性状优良的自交系存在个别缺陷，可通过诱变处理进行改良，通常能够取得显著成效。例如，研究人员以公 70 自交系为诱变基础材料，经辐射处理后选育出原辐 17，并成功组配出中原单 4 号（刘纪麟等，2002）。

诱变处理的核心目标在于构建突变体库，因此通常选择性状优良的骨干自交系作为基础材料。基因型纯合一致的基础材料有助于对诱变后代的表型变异进行系统筛选、鉴定和比较研究。特别是已完成基因组测序或重测序的优良自交系，更有利于对突变位点进行深入的遗传分析。以单倍体作为诱变处理的基础材料具有显著优势。单倍体经诱变产生的变异易于识别和选择，通过染色体加倍可直接获得基因型纯合稳定的后代，从而大幅缩短育种年限。

二、诱变处理对象

在诱变育种研究中，处理对象的选择依据诱变方法的差异而呈现出显著区别。种子作为诱变材料具有多重优势，其处理规模可显著扩大，且便于运输与储存；此外，种子可耐受极端条件，如干燥、高温或低温等，这些条件通常对活体植株具有致命性，从而为研究特殊环境与突变诱发的关系提供了便利。然而，种子诱变也存在局限性，由于其胚部为多细胞结构，易形成嵌合体；同时，种子结构的复杂性导致其对诱变处理的敏感性较低，因此种子更适用于辐射诱变或太空诱变等方法。在种子诱变过程中，需重点考虑种子的生理状态与遗传特性，如含水量、贮藏时间、贮藏条件，以及种子的来源与纯度等因素。

除种子外，幼苗或处于不同生育阶段及生理状态的活体植株也可作为诱变对象。活体材料的诱变处理剂量通常低于种子。玉米的雌雄配子因其单细胞特性，在诱变过程中可有效避免嵌合体的产生以及显隐性基因的干扰，且单细胞系突变的鉴定与筛选更为便捷，同时单细胞系对辐射的敏感性较高，有助于提升诱变效率。雌雄配子诱变产生的突变可稳定遗传至后代，但由于雌配子取样困难且数量有限，其实际应用受到限制。相比之下，玉米花粉因其产量大、取样便捷、敏感性高且突变易于保存，成为常见的诱变对象，适用于多种诱变方法，如超声波处理与 EMS 处理等。

近年来，随着细胞培养技术的进步，理化诱变与细胞培养相结合的离体诱变育种研究取得了显著进展。植物细胞培养的外植体，如花药、游离小孢子、幼穗、幼胚等，以及离体培养物，如愈伤组织、悬浮细胞系、原生质体等，均已成为新兴的诱变对象。其中，愈伤组织对诱变处理的敏感性显著高于幼穗、幼胚等外植体。离体培养物的每个细胞均具备分化为完整植株的潜力，经诱变处理或组织培养过程中产生的突变细胞，在特定环境条件下可实现定向筛选。正常细胞因无法适应环境胁迫而停止发育，而适应胁迫条件的突变细胞则能正常生长。因此，离体诱变结合胁迫条件的选择性培养基，可在细胞水平上实现抗性突变的定向筛选，显著提高目标突变体的变异频率与选择效率。与植株水平的选择相比，细胞水平筛选具有群体规模大、效率高、周期短等优势。

三、诱变后代的处理与选择

诱变育种作为一种重要的遗传改良手段，其核心流程与其他育种技术相似，均需经历变异获取与筛选选择两个关键阶段。在人工诱导的突变达到可筛选状态时，可通过直观观察或借助现代分析检测技术对突变体的表型特征进行精确鉴定，进而筛选出符合育种目标的突变体或特定性状。为确保突变体处于最佳筛选状态并优化筛选效率，诱变育种发展出独特的世代划分体系与育种程序，这一体系在相关研究中已得到充分论证。

经诱变处理的生物材料（如种子或器官）或其所发育形成的植株被定义为诱变一代，即处理当代，标记为 M_1。由 M_1 代植株产生的种子及其发育形成的后代植株则称为诱变二代，标记为 M_2。同理，由 M_2 代植株的后代被定义为诱变三代，标记为 M_3。以此类推。

（一）M_1 代的处理

M_1 代作为诱变处理的当代，其种子在受到诱变因素影响后，多数虽能萌发，但发芽过程显著迟缓，部分种子甚至出现生长停滞并最终死亡的现象。存活幼苗在生长过程中逐渐恢复常态，但在叶色、叶型等方面表现出明显的变异特征，部分植株的育性异常，但结实率显著下降。由于诱变处理对 M_1 代植株普遍造成生理损伤，因此在 M_1 代种植过程中通常不进行间苗和选择操作。为确保植株存活率，M_1 代种子需播种于肥力均匀、排灌条件良好且整地精细的地块，同时需严格控制播种质量，加强田间管理。在种植 M_1 代的同时，需同步种植未经诱变处理的对照植株，以便进行对比分析。M_1 代所有单株均需进行自交保种，对照植株同样采用自交保种方式，单穗收获后进行单穗脱粒，以确保遗传材料的完整性和可追溯性。

（二）M_2 代的选择

M_2 代在突变育种中扮演着至关重要的角色，是突变性状显现与分离的核心阶段，同时也是筛选优良突变体的关键时期。在该世代中，可观察到的显著突变类型涵盖生育期、株高、株型、叶色、叶型、雄花育性及籽粒颜色等多个方面。部分性状仅在特定胁迫条件下得以表现，例如抗病性与抗逆性；另有一类突变性状则需依赖特定的生化测定或分析方法进行评估与筛选，如籽粒的营养品质与加工品质等。因此，在 M_2 代中，需依据育种目标，针对早熟性、矮秆性、优良株型、抗病性、抗逆性及优质性等有益突变进行系统性选择。由于 M_2 代是突变性状分离的关键世代，通常将 M_1 代所有自交果穗按穗行种植，每穗行种植 40~50 株。对筛选出的突变株进行单穗收获与脱粒处理。若诱变目标在于提升抗病、抗虫、抗旱或耐盐碱等抗逆性，则需构建相应的逆境胁迫条件，以筛选出具有优良抗性的变异材料。若诱变目标在于改善品质特性，则从 M_2 代起即需对供试材料的品质性状进行测定分析与筛选，以确保育种目标的实现。

（三）M_3 代及以后世代的选择

M_3 代在突变体鉴定过程中具有关键性作用，是验证中选突变体真实性的重要阶段。该世代不仅能够有效识别显性突变，同时为隐性突变的表型显现提供了必要的时间窗口。对于受微效多基因调控的数量性状突变，其表型特征往往在 M_3 代之后才能充分表达，这使得 M_3 代及后续世代成为检测微突变的核心时期。在 M_3 代的种植实践中，普遍采用穗行种植法，每个穗行保持 30~40 株的种植密度。该世代的筛选策略遵循先优后选的原则，首先进行穗行筛选，继而开展单株选择。在遗传分析层面，需要对 M_2 代入选的突变株进行稳定性评估和遗传特性验证，同时通过系统性的遗传交配设计，开展配合力分析，从而筛选出具有优异配合力的遗传材料。

四、突变体的鉴定

生物体的表型特征是由遗传因素与环境因素共同决定的复杂结果。在人工诱变育种过程中，突变体性状的表达程度及其可选择性受到多重因素的制约。首要因素在于突变性状的生物学特性，具体表现为发育阶段特异性、组织特异性以及表达模式。突变性状可能仅在特定发育阶段显现，或在特定组织中表达，其表达模式可能是环境诱导型或组成型。育种工作者在选择突变体时，往往基于特定的育种目标进行定向选择，这些目标可能涉及品质改良、抗病性增强、抗逆性提升，或是生育期与株型的优化等。在玉米育种实践中，诸如叶片色素变异、株型改变、雄性不育性、生育期变化等性状因其直观性而易于识别，故在诱变育种中出现的频率较高。这种高频出现与其表型的易识别性存在显著相关性。

在特定性状的选择策略上，需要采用针对性的鉴定方法。例如，在筛选耐瘠薄或耐盐碱品种时，需将诱变材料置于相应的逆境条件下进行表型鉴定；在抗病性筛选过程中，则需在 M_1 代或 M_2 代创造适宜发病条件或进行人工接种；对于抗虫性材料的筛选，可将突变后代置于虫害高发环境或采用人工接种鉴定。在蛋白质含量等生化性状的筛选方面，由于直接采用生化方法鉴定存在较大难度，若能发现与目标性状存在遗传相关性的表型标记，则可先进行表型初筛，再结合实验室分析进行精确鉴定，从而提高筛选效率。当前突变体鉴定方法仍主要依赖于表型观察，如何提升选择效率，实现突变体的最大化筛选，是诱变育种方法学亟待解决的关键问题。

从遗传学角度，可将突变分为大突变与微突变两类。大突变由主效基因位点突变引起，其表型效应显著且易于识别。与之相对，微突变则由微效基因控制，其表型效应相对较弱，通常在 M_3 代及以后世代才能显现。在玉米遗传改良中，微突变往往具有重要价值，因为许多育种目标性状（如穗行数、行粒数、千粒重、容重等）均属于受微效多基因控制的数量性状。某些高产品种的育成正是得益于微突变的积累，而抗性增强的品种也多源于微效基因突变带来的水平抗性提升。由于数量性状涉及的基因位点较多，且每个位点的平均突变率较高，微突变在实际育种中可能比大突变更具应用价值。

微突变的检测与筛选面临特殊挑战。其表型效应微弱，通过肉眼观察难以准确识别，且数量性状易受环境因素影响，存在显著的基因型与环境互作效应。因此，需要采用特定的遗传交配设计，结合精确的性状测量方法获取表型数据，并运用统计学方法进行差异显著性检验，从而实现微突变的准确鉴定与筛选。

第四节　突变体的应用与突变体库的构建

一、育种材料的改良创新

植物育种材料的改良与创新是现代农业科技发展的重要方向。人工诱变技术的应用旨在通过物理或化学手段诱导基因突变，从而扩大遗传变异范围，为优良品种的选育提供丰富的遗传资源。我国玉米辐射诱变育种研究始于20世纪60年代，通过该技术已成功选育出多个具有早熟、矮秆、株型优良等特性的突变系。山东省农业科学院在该领域取得显著成果，先后培育出原武02、原齐123等22个自交系，并筛选出70余份具有特异性状的新种质，在此基础上成功育成鲁原单4号、鲁玉5号等多个杂交品种。赵永亮等（1999）通过化学诱变技术，在M_2代获得了白玉米、甜玉米、糯玉米等特用玉米类型。20世纪80年代以来，我国开始利用高空气球、返回式卫星等航天器搭载玉米种子进行太空诱变，成功选育出多个雄性不育材料，包括细胞质和细胞核雄性不育种质。四川农业大学通过雄性不育株与其他自交系杂交，结合回交聚合育种技术，选育出配合力高、抗性优良的自交系SCML202和SCML203，并以此为基础成功组配出川单418、川单828等多个优良杂交种。此外，以太空诱变改良系A318和SCML104为亲本，分别育成通过省级和国家审定的川单23和川单428。优良自交系SML1002选自太空诱变处理的Suwanl群体后代，以其为亲本成功组配出川单30（谭君，2003）。

二、基因的功能解析

诱变育种技术所创制的新材料，不仅在新品种选育中具有直接或间接的应用价值，更为遗传学基础理论研究提供了不可或缺的实验材料。通过自然突变或人工诱变获得的突变体，结合基因定位与克隆技术，已成为功能基因组学研究的核心手段。在基因功能验证过程中，研究者通常需要构建目标基因的过表达和不表达两类材料。尽管转基因技术理论上可实现这两类材料的创制，但基因不表达材料在功能解析中往往更具研究价值。这是由于某些基因的过表达可能不会导致显著表型差异，而基因缺失则通常引发明显的表型变异。例如，玉米基因组中淀粉合成相关基因的缺失导致甜玉米的产生，花青素合成相关基因的缺失使紫色玉米转变为白色或黄色，β-胡萝卜素合成相关基因的缺失则使黄色玉米呈现白色表型。这些突变现象均明确指示了相关基因的功能特征。

突变体主要可分为功能获得型和功能缺失型两大类，这些材料的获得为性状相关基因的功能研究奠定了坚实基础。具体而言，玉米激素突变体是研究激素合成、代谢途径及生理功能的重要实验材料；叶色突变体为光合作用、叶绿素代谢及合成研究提供了关键材料；雄性不育突变体则成为研究花粉、花药发育和减数分裂的重要工具。据现有研究统计，利用玉米细胞核雄性不育突变体，已完成至少 16 个核不育基因的克隆。这些不育基因通过参与花药角质层及花粉外壁的生物合成、孢粉素合成以及绒毡层细胞的程序化死亡等生物学过程，实现对花粉发育的精确调控。上海大学生命科学学院对玉米经典突变基因 pro1 的克隆和功能解析，揭示了该基因在调控玉米普通蛋白合成和细胞周期中的关键作用。作为玉米中首个被发现的营养缺陷型突变基因，pro1 基因在调控脯氨酸合成过程中发挥着关键酶的作用，对玉米的生理生化过程具有多方面的重要影响。脯氨酸作为信号分子，参与调控细胞内部多种生理平衡和生化过程。

三、突变体库的构建

突变体库的构建是玉米功能基因组学研究的基础性工作，其核心在于通过系统化的突变体集合揭示基因功能。突变体作为突变体库的基本单元，其理想状态应涵盖目标物种所有功能基因的突变体，形成一个完整的集合。然而，现有研究中的玉米突变体库大多局限于特定性状的突变体，未能全面覆盖所有表型或基因型的突变体。突变体库的规模与其库容量密切相关，理论上，突变体类型越多，库的价值越高，但实际构建的突变体库通常只包含部分功能基因的突变体。突变体在植物遗传分析、基因定位、分子克隆及功能解析中具有不可替代的作用，是功能基因组研究的重要实验材料。

突变体获取途径主要包括自然突变和人工理化诱变。自然突变为育种提供了宝贵的遗传资源，但其发生频率极低，难以系统性收集大量突变体。理化诱变在早期育种中发挥了重要作用，但其局限性显著：突变方向难以预测，点突变数量有限，且表型变异的突变体可能涉及多个点突变，增加了功能基因研究的复杂性。随着转基因技术和基因编辑技术的进步，基因敲除、定点突变等分子操作技术在突变体库构建中的应用日益广泛，显著提升了突变体库的精准性和功能性。

在玉米功能基因研究领域，不同研究者采用多样化的诱变技术对多种基础材料进行处理，构建了多个突变体库。我国玉米育种工作者基于不同自交系材料，通过多种诱变策略，成功开发了多个突变体库。其中，Mutator（Mu）转座子因其高拷贝数、高正向突变频率及倾向于插入低拷贝 DNA 序列的特性，成为基因组学研究中的重要诱变工具。自主性 Mutator 玉米品系在籽粒和幼苗的突变表型上显著高于其他品系，突变主要发生在细胞核基因组内，且以隐性突变为主，显性突变较为罕见。研究人员利用 Mutator 转座子介导法构建了玉米插入突变体库，为功能基因组研究提供了重要材料（刘文婷等，2006）。此外，Ac/Ds转座子系统作为典型的转座元件，在玉米突变体库构建中也得到了广泛应用。董雷等（2015）对Ac/Ds转座子系统及其应用进行了系统总结。通过将转座元件构建于载体上，利用遗传转化技术将其插入植物基因组，可实现基因突变的精准控制，并通过分离插入位点的旁侧序列克隆突变基因。这一策略在功能基因组学研究中具有重要价值。

除转座子标签法外，EMS诱变技术也是构建玉米突变体库的常用方法。有研究基于B73材料，利用EMS诱变技术开发了首个玉米EMS突变体库，并结合外显子组捕获和新一代测序技术，精准定位了突变位点。该研究对1 086突变株进行了测序，鉴定出195 268个由CG变为TA的点突变，平均每个突变株包含180个突变位点，覆盖了82%的玉米基因组中可预测的蛋白编码基因（Lu et al.，2018）。该突变体库为正向遗传学和反向遗传学分析提供了重要平台，显著加速了基因功能鉴定的进程。

综上可见，辐射诱变和化学诱变技术在玉米育种中曾发挥重要作用，但其突变方向的不确定性限制了其进一步发展。分子生物学技术的引入使人工诱变的靶点更加明确，效果更加精准，并显著提高了突变频率。基因编辑技术作为作物定向诱变的新兴手段，正逐步成为育种领域的重要发展方向。随着技术的不断进步，现代诱变育种已突破传统理化诱变的局限，分子设计等现代技术的应用将推动玉米育种向精准化、定向化发展，展现出广阔的应用前景。

第六章

玉米单倍体技术

06

单倍体是指细胞或个体仅携带一套染色体组，其染色体数目与配子相同，通常由异常受精、无配子生殖或单性生殖（如孤雌生殖或孤雄生殖）等机制形成。由于单倍体个体普遍存在高度不育性，无法通过常规方式进行繁殖，因此需通过染色体加倍技术将其转化为纯合二倍体，即双单倍体（DH），方可在遗传学研究及育种实践中得以应用。这一技术体系在国际上被广泛称为DH育种技术。在玉米育种领域，选育优良自交系是核心任务之一，传统育种方法通常需要6~8个世代才能获得稳定的自交系，耗时较长且成本高昂。相比之下，DH育种技术能够显著缩短自交系的选育周期，快速获得遗传纯合的材料，从而加速育种进程。目前，DH育种技术已在北美洲、欧洲及我国等主要玉米产区成为重要的育种手段，为现代作物遗传改良提供了高效的技术支撑。

第一节 玉米单倍体研究概述

一、早期研究与实践

（一）早期玉米单倍体研究

植物单倍体的自然发生频率极低，孤雌生殖与孤雄生殖的发生率分别仅为0.1%和0.01%。1921年，Bergner首次在曼陀罗中通过细胞学证据证实了植物单倍体的存在。1932年，Morrison利用双单倍体（DH）育种技术成功培育出番茄品种Marglobe，标志着该技术在作物育种中的初步应用。20世纪70年代，油菜品种Maris Haplona和大麦品种Mingo的培育进一步推动了DH技术在粮油作物中的应用。玉米单倍体的研究始于Stadler和Randolph的早期工作。Randolph在126 374个后代中观察到66个单倍体，发生率为0.05%。随后，Randolph和Fisher在17 165个四倍体玉米中发现了23个二倍体植株，孤雌生殖单倍体的发生率约为0.13%。1940年，Randolph发现不同杂交组合后代的孤雌生殖单倍体发生率在0.011%~0.103%平均为0.064%，且不同组合间的发生率存在显著差异。Stadler证实了不同母本的单倍体发生率存在差异。Einset在三倍体与二倍体杂交的1 916个后代中发现了2个单倍体个体，发生率为0.1%。Chase利用紫色胚芽显性基因，在38 684个幼苗中鉴定出43个单倍体植株，发现玉米材料38-11诱导孤雌生殖单倍体的频率比A385高10倍，达到0.78%，并推断单倍体发生率与杂交组合的双亲均有关联，通过选择授粉者可以显著改变单倍体诱导率（穆平，2017）。

（二）早期单倍体育种实践

在单倍体育种领域，East 基于 Stadler 和 Emerson 的研究成果，首次提出通过孤雌生殖获得纯合基因型双单倍体（DH）系的理论和方法，为作物遗传改良提供了新的路径（刘纪麟，2002）。Chase 系统性地开展了玉米单倍体研究，深入探讨了单倍体技术在育种中的应用价值，并成功培育出多个具有重要育种价值的 DH 系。其中，他选育的首个基于单倍体来源的杂交种 DeKalb 640，采用 DH 系与传统自交系组配的双交种模式，展现出优异的适应性。该品种不仅在美国东部地区广泛推广多年，还在法国南部、意大利北部等欧洲市场占据显著份额，充分体现了 DH 技术在育种实践中的实际应用价值（穆平，2017）。

二、生物杂交诱导单倍体技术

单倍体诱导技术在植物遗传育种领域具有重要应用价值，其核心在于通过特定方法获得大量单倍体植株。目前，单倍体诱导技术主要基于物理、化学和生物学等多重诱导机制，并可根据诱导受体状态分为离体培养和活体诱导两大技术体系。离体培养技术主要针对花药、未成熟花粉、小孢子及子房等组织进行体外培养，通过染色体加倍形成纯系。然而，该技术在玉米育种中的应用受到显著限制，其诱导效率受物种特异性、基因型差异以及实验条件等多重因素的影响。研究表明，即使在具备离体培养条件的玉米材料中，单倍体诱导效率仍受到花药特性、供体基因型及预处理工艺的显著制约，导致该方法在玉米育种实践中应用受限。相比之下，活体诱导技术主要通过种间或种内杂交实现单倍体诱导，其机制涉及受精后染色体的选择性消除，但具体分子机理尚未完全阐明。值得注意的是，虽然种间杂交在其他作物中已成功实现单倍体诱导，例如，通过玉米与小麦杂交获得小麦单倍体，但在玉米与近缘物种（如大刍草和摩擦禾）的杂交实验中，尚未获得种间诱导单倍体的成功案例。

（一）生物杂交诱导种质的发现与研究

生物杂交诱导种质的发现与研究具有重要的理论价值与实践意义。通过长期系统的实验观察，研究人员发现特定遗传材料在作为亲本时，能够显著提升单倍体种子的产生频率。以玉米为例，自交系 A385 与 38-11 等材料在作为父本或母本时，均表现出诱导单倍体形成的特性。然而，玉米自然条件下单倍体产生的频率极低，无法满足现代育种的需求。这一困境在诱导系 Stock6 的发现与应用后得到突破性进展。Stock6 的起源可追溯至 20 世纪 40 年代。该材料最初由美国一家种子公司保存，其特征表现为红叶耳、紫色糊粉层、白色胚乳及硬粒型晚熟等表型，属于墨西哥食用玉米品系。1941 年，该材料被转移至明尼苏达州立大学进行深入研究。1950 年，该材料被正式命名为 Stock6。实验数据显示，Stock6 自交后代中单倍体出现频率，以及后代单倍体频率均显著高于同期其他研究，为单倍体育种技术的发展奠定了重要基础。然而，Stock6 在实际应用中仍存在诸多局限性，如缺乏有效的单倍体遗传标记、雄花对温度敏感、散粉性不佳以及自交结实率低等问题，导致其繁育与保种难度较大。为克服上述问题，后续研究围绕 Stock6 开展了多维度探索，涵盖诱导率遗传机制、性状改良、单倍体鉴定技术及加倍技术等关键领域。通过系统性改良与优化，多个基于 Stock6 的高诱导率单倍体诱导系被成功选育，其农艺性状显著改善，为单倍体育种技术的进一步发展提供了有力支持。

（二）生物杂交诱导技术研究进展

生物杂交诱导技术的研究历程可追溯至 20 世纪中叶，其理论基础与实践应用在后续数十年间取得了显著进展。早期研究表明，Stock6 的诱导能力具有遗传调控特性，通过定向选择可显著提升诱导效率。苏联一研究所于 1969 年率先启动玉米单倍体研究，后续研究者成功培育出 EMK 诱导系，其诱导率在 1991 年达到 6%～10%。Tyrnov 和 Zavalishina（1984）开发的 ZMS 与 KMS 诱导系，诱导率分别为 0.55%～3.43% 和 0.75%～2.94%。法国研究者通过将 W23ig 和 Stock6 杂交，结合无叶舌突变体（lg）与光叶突变体（gl）筛选，培育出 WS14 诱导系，其单倍体诱导率为 2%～5%，杂交单倍体频率最高达 10%。德国开发出诱导率达 8.1% 的 RWS 诱导系。其姊妹系 RWK-76 的诱导率进一步提升至 9%～10%。CIMMYT 和德国一大学合作培育的 Tail 系列诱导系，在热带环境条件下诱导率为 9%～14%。

国内研究同样取得重要突破。刘志增等（2000）通过将 Stock6 与高油玉米群体 BHO 杂交，培育出诱导率达 5.8% 的高诱 1 号。中国农业大学在此基础上提出高油分鉴定单倍体技术，并开发出农大高诱 1 号、农大高诱 2 号、CAU5、CAU6、CAUHOI 等新一代诱导系。才卓等（2007）从 Stock6

与 M278 杂交后代中选育出吉高诱系 3 号，平均诱导率为 10.4%。

单倍体鉴别技术是单倍体育种的核心环节。提出的遗传标记法，通过 ACR-nj 标记可在籽粒阶段淘汰 90% 以上杂合籽粒，但受母体基因型、环境因素及人工挑选方式影响较大。Boote 等（2016）开发的自动化颜色筛选系统，利用荧光显微成像技术，鉴别准确率达 90%。Jones（2012）采用近红外技术进行单倍体筛选，结合遗传背景分析，进一步提升了鉴别效率。陈绍江等（2012）提出利用籽粒油分花粉直感效应筛选单倍体的方法，其识别效率显著高于 R-nj 标记。此外，光叶（lg）与无叶舌（gl）等隐性性状可作为辅助鉴别手段，但其应用范围有限。分子标记技术如 SNP 与 SSR 的结合，为未来单倍体鉴别提供了潜在方向。

单倍体自然加倍率通常低于 10%，需通过人工处理提升加倍效率。秋水仙素作为最广泛应用的加倍试剂，配合二甲基亚砜与细胞分裂素等助渗剂，可显著增强加倍效果。研究者围绕秋水仙素开展了浓度、处理时间与方式的系统研究，包括浸种法、浸根法、浸苗法、浸芽法、注射法等。研究表明，试剂浓度与处理时间在一定范围内与加倍效果呈正相关，但过量使用会加重药害。鉴于秋水仙素的毒性与环境危害，研究者积极探索替代试剂，如甲基胺草膦（APM）、氟乐灵、拿草特与氨磺乐灵等。同时，遗传学家致力于发掘单倍体自然加倍的遗传规律，以减少对化学试剂的依赖。

三、单倍体育种优势

（一）缩短育种年限

自交系选育在玉米杂交种培育过程中占据关键地位，其核心目标在于实现基因型的高度纯合。传统育种方法依赖于连续多代的基因分离与单株筛选，通常需历经 6~8 个世代，方能达到 99% 的基因纯合度。然而，随着生物技术的进步，双单倍体育种技术的引入显著提升了育种效率。该方法通过生物诱导手段，能够在 2 个世代内实现 100% 的基因纯合，大幅缩短了育种周期，同时确保了基因型的稳定性。

（二）提高选择效率

单倍体在遗传育种中的优势显著，其获得携带 n 个有利基因的基因型概率为 $1/2n$，相较于双倍体的 $1/4n$，具有更高的效率。双单倍体育种技术通过配子体选择，实现了对基因型的精准筛选。单倍体仅含有一套基因组，每个基因均为单一拷贝，一旦发生突变，无论是显性还是隐性突变，均可在当代个体中直接表现，从而便于早期淘汰不良性状，筛选优良基因，加速优良基因的积累。结合分子标记辅助选择与加代繁育技术，进一步提升了选育过程的效率与精确度。此外，将单倍体应用于轮回选择，可有效消除显性基因对隐性基因的掩盖效应，增强选择的准确性，显著提高轮回选择的整体效率。

（三）易于发现突变体和创造新材料

单倍体在突变研究中具有显著优势，因其能够精确测定单个基因的自发突变频率。无论是显性突变还是隐性突变，均可在当代个体中直接显现，这极大地简化了隐性突变体的筛选过程，并显著提高了获得有利突变体的概率。在田间实验中，种植规模为5万~10万株单倍体植株时，突变体如无叶舌、光叶、矮化、棕色叶脉、白化及雄穗结实等表型变异易于观察和记录。

相较于传统的回交转育方法，双单倍体（DH）育种技术在突变体生成方面展现出更高的效率。以糯玉米自交系与普通马齿型玉米自交系的杂交为例，通过诱导系杂交，理论上可产生糯玉米DH系与马齿型玉米DH系的比例各占50%。

（四）加快自交系提纯复壮

在农业生产实践中，优良品种的推广应用往往伴随着生物学混杂现象，导致其遗传特性逐渐退化，这对常规品种及亲本自交系的遗传纯度维护提出了迫切需求。传统提纯复壮方法采用三年三圃制，其操作流程包含单株自交、穗行种植及配合力测定等环节，存在周期冗长、程序复杂等显著缺陷。相较之下，单倍体育种技术展现出显著优势，该技术可在1年周期内获得遗传稳定的纯合基因型，其性状表现整齐一致。通过对纯合二倍体进行系统的田间表型分析，筛选出符合原品种典型特征的个体进行扩繁，不仅大幅缩短了育种周期，同时显著提升了选育效率。

（五）有助于基因遗传分析研究

单倍体细胞中，等位基因以单倍型形式呈现，其序列分析过程因缺乏等位基因干扰而显著简化。在单倍体状态下，每条染色体仅存在单一拷贝，减数分裂时表现为单价体。当染色体间存在部分同源区域时，可形成二价体或多价体联会结构。通过观察单倍体孢母细胞减数分裂过程中的染色体联会模式，可有效推断不同染色体间的部分同源关系。二倍体与单倍体的杂交实验可产生多种非整倍体类型，如单体、缺体和三体等，这些材料在研究突变效应、染色体及染色体组进化机制、基因剂量效应、数量性状遗传规律以及遗传连锁分析等方面具有重要价值，同时为探究植物种属染色体起源提供了关键的遗传学证据。由单倍体加倍形成的 DH 群体具有独特的遗传特征，其株系内基因完全纯合，而不同株系间则存在显著的基因型差异。DH 系可在多环境或多季节条件下进行重复实验，是研究基因与环境互作效应的理想材料，尤其在数量性状基因定位和遗传连锁图谱构建等研究中展现出显著优势。

第二节 单倍体诱导与鉴定技术

一、单倍体产生途径

单倍体在自然条件下的自发形成概率显著偏低，这一现象严重制约了其在遗传学研究和育种实践中的广泛应用。为突破这一限制，全球范围内的科研人员持续开展了系统性研究，致力于开发高效的单倍体诱导技术。通过分子生物学、细胞工程学等多学科交叉研究，已建立了包括孤雌生殖诱导、染色体消除、花药培养等在内的多种技术体系。这些方法在理论基础、操作流程及适用对象等方面各具特点，为不同物种的单倍体诱导提供了多样化的技术选择。随着基因组编辑等新兴技术的引入，单倍体诱导效率得到显著提升，为后续的遗传分析、基因定位及育种应用奠定了重要基础。

（一）物理方法

1. 温度处理

温度在植物发育过程中扮演着重要角色，其变化可导致细胞分裂异常，进而影响植株的遗传特性。早在 1921 年，国外学者就通过冷冻刺激曼陀罗，首次在非正常植株中发现了被子植物单倍体的细胞学证据，这一发现为后续研究奠定了基础。研究人员发现在对玉米亲本植株授粉后，采用 43 ℃高温处理 24 h，其后代中分别出现 1 株单倍体和 1 株母本双单倍体。温度的骤然降低或升高均能在一定程度上诱导孤雌生殖，然而，该方法的诱导效率较低，仍需进一步优化与深入研究。

2. 射线照射

射线照射作为一种物理手段，在诱导植物单倍体方面展现出一定潜力。1934年，片山义勇通过X射线照射小麦花粉并进行授粉，在其后代中获得了17.58%的单倍体植株，这一成果为射线技术的应用提供了重要参考。Randolph（1940）用X射线处理后的花粉对5种不同玉米材料进行授粉，结果显示孤雌生殖单倍体的频率为0.096%，相较于对照组平均提高了50%。Chase（1969）的研究进一步验证了射线照射在诱导单倍体方面的有效性。尽管射线照射技术在某些植物中取得了一定进展，但其应用范围及效率仍需通过更多实验数据加以验证和提升。

（二）化学方法

化学药剂在诱导植物孤雌生殖领域具有显著的应用价值，尤其在未受精卵细胞发育为单倍体植株的过程中，其作用机制已被广泛研究。国内外学者通过大量实验，验证了多种化学药剂在不同植物中的诱导效果。其中，二甲基亚砜（DMSO）、马来酰肼（MH）、秋水仙素（COL）以及激素类物质如2,4-二氯苯氧乙酸（2,4-D）、萘乙酸（NAA）和赤霉素（GA3）等，均被证实对玉米孤雌生殖具有显著的诱导作用。二甲基亚砜不仅能够直接促进纯合二倍体的形成，还能通过增强细胞膜的化学渗透性及诱导C-有丝分裂，实现染色体加倍。青鲜素则作为一种高效的染色体断裂剂，能够启动卵细胞的分裂进程。研究表明，将青鲜素与DMSO以适当浓度配合使用，可显著提升孤雌生殖的诱导效率。

赵佐宇和谷明光（1984）通过联合使用COL、青鲜素和DMSO处理京黄13、八趟白及金皇后等玉米品种的未授粉雌穗花丝，发现药剂处理的结实频率较对照组高出5倍以上，其中，40 mg/kg青鲜素与2% DMSO的组合效果最为显著，并成功筛选出19个纯合二倍体。郭乐群等（1997）在远缘杂种中采用相同方法，获得了0.041%的孤雌生殖种子，显著高于对照组的0.008 3%。石太渊等（2000）进一步优化了药剂组合，发现2% DMSO、40 mg/kg青鲜素与0.1% COL的联合使用效果最佳，且在不同基因型中，杂交种的孤雌生殖诱导率普遍高于自交系。王金艳等（2015）采用2% DMSO，0.04%青鲜素，0.06%聚乙二醇（PEG），将孤雌生殖诱导率提升至21.69%。

尽管化学药剂诱导孤雌生殖的方法能够直接产生二倍体纯系，从而规避单倍体育种中染色体加倍的难题，且操作简便，但其诱导率仍相对较低。不同基因型对药剂的反应存在显著差异，且诱导产生的孤雌生殖籽粒大多源自体细胞发育，由雌配子体细胞发育而成的单倍体或加倍形成的纯合体仅占少数。因此，该方法在实际应用中仍需进一步优化和验证。

（三）离体培养

离体培养技术为单倍体植株的生成提供了有效途径，其培养对象主要集中于植物的配子体，如花药、花粉、未受精胚珠及子房等。1964年，印度学者首次通过毛叶曼陀罗的花药离体培养成功获得单倍体植株，此后该技术被广泛应用于烟草、水稻等作物的单倍体诱导。1975年，我国学者谷明光等人率先在玉米花药培养中取得突破，并逐步建立了稳定的技术体系。杭玲等人通过花培技术育成的桂三1号杂交种成为全球首个利用花培方法育成的玉米杂交种。然而，该方法存在显著局限性：一是培养过程中需先诱导愈伤组织，再分化形成再生植株，但并非所有小孢子均能实现无性增殖。二是二倍化后植株常因适应性问题出现生长或结实障碍。三是基因型间愈伤组织诱导率差异显著，仅少数基因型能够成功诱导单倍体植株，且玉米单倍体植株染色体加倍成功率极低，花粉植株再生率不足，加之愈伤组织分化过程的不确定性及体细胞变异的高发性，导致该方法在育种中难以广泛应用。

花粉培养，即游离小孢子培养，是以单个花粉粒为外植体进行培养的技术。由于花粉本身为单倍体细胞，通过诱导形成愈伤组织或胚状体后发育的植株均为单倍体。与花药培养相比，花粉培养避免了药壁及花丝等体细胞的干扰，再生植株中单倍体与双倍体比例均较高。然而，鉴于花药培养在育种中的局限性，研究者逐渐将目光转向未授粉子房及胚珠的培养，以探索雌核发育单倍体植株的诱导。1982年，首次通过未授粉玉米子房培养成功获得单倍体植株。Truong等（1984）进一步研究发现，雌配子体发育至成熟胚囊期是未授粉子房培养的最佳接种时期。付迎军等（2005）系统研究了不同材料及培养基对未授粉子房培养的影响，确定了最佳培养时期并筛选出一批高诱导频率的玉米材料。

（四）诱导系Stock6诱导

Coe的研究首次揭示了Stock6杂交在单倍体诱导中的显著效果，其诱导比例的大幅提升直接推动了玉米单倍体育种领域的快速发展。这一发现促使后续学者围绕诱导机制、遗传特性、鉴别方法及加倍技术展开了系统性研究，奠定了Stock6作为单倍体诱导系核心种质的地位。近年来，随着单倍体诱导效率的显著提升，以及鉴别与加倍技术的不断优化，杂交诱导母本单倍体的育种方法已逐步实现规模化应用，成为现代玉米育种体系中与转基因技术、分子标记辅助选择技术并行的核心技术之一。

二、单倍体诱导遗传与机理

（一）诱导性状遗传与基因克隆

大量研究表明，Stock6杂交后代系的单倍体诱导率显著高于原始Stock6，仅用基因的加性和显性模型难以完全解释这一现象。因此，研究者开始探索与诱导率相关的QTL位点和关键基因。Barret等（2008）在玉米第1染色体bin1.04区域检测到一个与单倍体诱导相关的主效位点$ggi1$，该位点在定位群体中表现出明显的偏分离特征。Prigge等（2012）利用单倍体诱导系UH400分别与CAUHOI、温带自交系1680以及热带自交系CML395和CML495构建分离群体，通过比较QTL分析共发现8个控制单倍体诱导率的QTL位点。其中，位于第1染色体bin1.04区域内的$qhir1$和第9染色体bin9.01区域的$qhir8$效应值最高，分别解释了66%和20%的遗传变异。Dong等（2013）通过子代测验将$qhir1$精细定位在243 kb的范围内，位于标记X291和X263之间，并利用分子标记辅助选择成功选育了新一代高型单倍体诱导系CHOI。Xu等（2013）发现$qhir1$位点及其旁侧区域存在显著偏分离，并将该区域命名为$sed1$；通过精细定位，最终将区间缩小至450 kb。研究表明，$sed1$仅在雄配子中表达，单倍体籽粒及败育籽粒的胚乳均表现出对$sed1$的强选择性。花粉竞争实验进一步表明，$sed1$配子具有花粉竞争性弱的特点，说明$sed1$区域的偏分离由配子体阶段的雄配子选择及合子阶段的合子选择共同作用。

在对$qhir1$精细定位的基础上，发现了控制单倍体诱导能力的关键基因——磷脂酶基因，分别命名为MTL和$ZmPLA1$。该基因在第4个外显子的4个碱基CGAG插入导致功能改变，从而引发单倍体诱导能力。遗传互补实验验证发现，转入野生型NLD基因后，诱导系材料丧失了单倍体诱导能力。诱导基因的发现是单倍体育种技术及生殖生物学研究的重大突破，不仅为解析单倍体诱导机制提供了理论支持，也为将单倍体技术拓展至其他作物奠定了基础。

（二）单倍体诱导机理

单倍体育种技术在育种实践中已得到广泛应用，然而其发生机制尚未完全阐明。玉米作为典型的双受精作物，传统观点认为单倍体的产生源于单精核参与受精形成胚乳，而卵细胞独立发育形成单倍体。因此，早期研究主要聚焦于单受精现象的成因。然而，近年来的研究表明，染色体排除同样是单倍体形成的重要机制。

精核生殖单位的破坏也被认为是导致单受精的重要原因。从花粉萌发到双受精之前，卵细胞可能因一系列异常情况而无法受精。在此过程中，两个精细胞需通过运输、释放、精卵识别和融合等多个环节。花粉管作为精细胞运输的通道，其功能是确保两个精细胞与营养核作为一个整体（即生殖单位）同步运转，从而实现双受精。若两个精细胞分开运输，则落后的精细胞可能无法到达胚囊，导致仅有一个精细胞参与受精，进而与极核融合形成单倍体籽粒。刘志增和宋同明（2000）通过显微镜观察DAPI荧光染色精核距离的研究表明，精核间距小于花粉粒平均半径的分布频率与单倍体诱导率呈显著负相关，而大于花粉粒平均半径的分布频率则与单倍体诱导率呈显著正相关，表明精核距离过大可能是单倍体诱导的机制之一。

单精子突变体 $cdka-1$、$fbl17$ 等仍能通过卵细胞或中心细胞的受精产生单受精事件。由于两个精细胞与卵细胞或极核的结合完全随机，若携带突变体 $sed1$ 单体型的精细胞与卵细胞或极核融合，则可能产生单倍体籽粒或缺陷型籽粒，而缺陷型籽粒的胚乳不会携带 $sed1$ 单体型。然而，Xu 等（2013）的研究表明，绝大多数缺陷型籽粒携带有 $sed1$ 单体型，这与单受精假说相矛盾。该研究进一步发现，孤雌生殖单倍体诱导中双受精过程仍然正常存在，而单倍体产生的真正原因在于胚中发生的染色体消失。所有缺陷型籽粒成熟期的胚乳中均含有父本单体型 $sed1$，表明染色体消失并未在胚乳中发生。因此，单受精理论已无法完全解释单倍体的产生，越来越多的研究支持染色体消失是孤雌生殖单倍体形成的主要原因。

染色体消除机制在远缘作物杂交中被认为是单倍体产生的主要途径。其机制在于远缘杂交时，双亲体细胞分裂周期不同步，一方亲本的染色体在杂种合子或幼胚发育初期被选择性消除，从而导致某一亲本染色体的丢失，最终引发单倍体的发生。然而，同种间杂交通过染色体消除途径产生单倍体的现象较为罕见。Wedzony 等（2002）观察到诱导系 RWS 自交授粉 20 d 的子房中约 10% 的细胞出现微核，微核的出现通常被视为染色体排除的重要标志。前人通过分子标记研究表明，单倍体中存在 1%～2% 的诱导系片段。Li 等（2009）利用 CAUHOI 诱导玉米杂交种郑单958，发现后代中出现类似二倍体的单倍体籽粒，胚部呈现微弱的紫色标记，显著区别于正常单倍体籽粒及杂合二倍体籽粒。通过 SSR 标记检测，发现 43.18% 的单倍体携带诱导系片段，且单倍体中有 1.84% 的诱导系基因组小片段渗入。

高油单倍体中渗入片段的比例高于低油单倍体，表明来自诱导系的高油基因在部分单倍体发育过程中表达，验证了单倍体母本诱导过程中父本诱导系片段的渗入。由此推测，双受精后发生了不同程度的染色体消除。若染色体消除发生在早期，则产生的单倍体胚部无紫色标记，且籽粒油分较低；若染色体消除发生在晚期，则部分单倍体籽粒胚部呈现微弱的紫色标记，油分较高。以上研究表明，染色体排除是诱导单倍体产生的原因，但单受精的可能性仍不能完全排除。Liu 等（2017）的研究表明，花粉竞争力是异雄核受精的主要因子，高诱导率单倍体诱导系的花粉竞争力较强，不仅单倍体籽粒和败育籽粒比例较高，异雄核受精比例也显著增加。在单倍体诱导过程中，早期阶段籽粒的败育现象与非正常受精有助于恢复籽粒受精，从而提高异雄核受精频率。

三、单倍体鉴定

在单倍体培育过程中，由于技术手段的差异性，所获后代未必完全呈现单倍体特征。例如，在花药培养体系中，二倍体花药壁组织同样具备发育成完整植株的潜能，因此对单倍体的准确鉴定与区分显得尤为重要。从细胞遗传学角度而言，单倍体仅携带一套染色体组，其形态学特征呈现出显著的微型化趋势，具体表现为细胞、组织、器官及整体植株均较正常二倍体个体明显缩小，植株普遍表现为生长势弱、株型矮小等表型特征。这种染色体组型的特殊性导致其在减数分裂过程中无法实现正常的同源染色体联会与分离，从而造成配子形成障碍，表现出高度不育性，仅有极少数个体可通过染色体加倍实现二倍化。

在单倍体鉴定方法的发展历程中，早期主要依赖于形态学特征与育性表现进行初步判断。随着技术的进步，通过显微镜观察体细胞或花粉母细胞中的染色体数目及其配对情况，已成为单倍体鉴定的可靠技术手段。此外，分子标记技术的应用显著提升了单倍体鉴定的准确性与效率，如紫色芽鞘、红色芽鞘、紫秆、黑颖等特异性遗传标记的利用，为单倍体的快速识别提供了重要依据。

（一）形态学和解剖学方法

形态学鉴定单倍体是一种直观且高效的技术手段。研究人员通过 4 个玉米自交系及其单倍体的实验验证了这一发现，并指出单倍体与二倍体在生长发育特性上具有高度相关性，单倍体的变异范围与二倍体基本一致，但不同自交系间的差异在单倍体水平上更为显著。单倍体植株的形态缩小主要归因于其细胞体积的减小，而细胞总数并未减少。值得注意的是，单倍体植株在出苗阶段表现出较弱的顶土能力，幼苗生长势较弱，且在苗期主根与牙鞘的长度差异显著，第一片叶较短。此外，通过比较胚与盾片的大小，亦可对单倍体进行初步鉴定。单倍体植株与二倍体存在显著差异。单倍体植株单位面积叶片的气孔数目较多，气孔保卫细胞较小，叶绿体数目较少。基于气孔保卫细胞大小及叶绿体计数的染色体倍数测定方法已在多种作物中得到应用。

（二）细胞遗传学方法

通过根尖分生组织压片技术观察体细胞或减数分裂细胞的染色体数目，是鉴定植物倍性最为基础和精确的手段。该方法能够有效区分整倍单倍体与非整倍单倍体，同时揭示单倍体中常见的二倍化现象及其引发的组织混倍性特征。为进一步验证孤雌生殖的发生机制及其成因，可结合石蜡切片法或子房整体透明法，对植株胚胎发育过程进行系统性观察。值得注意的是，单倍体植株的根尖细胞存在二倍化倾向，可能导致染色体组自然加倍，从而影响倍性鉴定的准确性。因此，在必要时，可对植株的幼叶、花芽细胞、孢原组织或花粉母细胞进行染色体计数，以获得更为可靠的倍性数据。然而，该方法在处理大量单倍体样本时，存在效率低下、操作复杂的局限性。

细胞核 DNA 含量是衡量细胞倍性的重要指标，基于此，DNA 含量测定常被用于倍性评估。细胞光度计法作为一种 DNA 含量分析技术，虽可用于单倍体鉴定，但无法区分整倍单倍体与非整倍单倍体。此外，该方法依赖特定仪器设备，检测速度较慢，且不适用于田间大规模样本的快速鉴定。相比之下，流式细胞分析法通过流式细胞分析仪对处于分裂期的细胞 DNA 含量进行检测，并借助计算机系统自动生成 DNA 含量分布曲线，能够快速、高效、准确地确定植株倍性，同时具备识别嵌合体的能力。然而，流式细胞分析仪价格昂贵，测定成本较高，且样品制备时间过长可能影响鉴定结果，因此其应用范围受到一定限制。

（三）生理生化分析法

在植物遗传学研究中，单倍体与二倍体在生理生化特性上呈现出显著差异。研究表明，当玉米从二倍体转变为单倍体时，不仅其形态特征和解剖结构发生显著变化，其组织化学成分也发生相应改变，具体表现为无机水含量降低，而有机水和抗坏血酸含量显著增加。这一发现为单倍体与二倍体的生理生化差异提供了重要实验证据。

在单倍体鉴定技术方面，酯酶同工酶分析方法结合细胞学鉴定和田间形态学观察，已成为一种高效且可靠的检测手段。操作时，需从诱导后代植株及其亲本的种子中分别取样，每次取样量为3~4粒种子。待种子发芽3~4 d后，提取其胚乳进行凝胶电泳分析。若电泳结果显示两条谱带完全一致，则可判定单倍体诱导成功。

（四）遗传标记鉴定法

在植物育种过程中，单倍体的早期鉴定是一项至关重要的技术环节。传统的形态学和解剖学鉴定方法因其繁复性和滞后性，往往在开花期后才能初步识别单倍体，此时已无法通过二倍化手段将其转化为纯合体，进而无法实现种子的有效繁殖。因此，育种实践中亟须一种能够在早期阶段快速、准确鉴定单倍体的方法。遗传标记技术的引入为此提供了可靠且高效的解决方案。通过将控制籽粒糊粉层色素形成的 *ACR-nj* 基因与调控不定根、叶鞘及茎秆色素形成的 *ABP1* 基因导入 Stock6 材料中，构建了具有籽粒和植株双显性遗传标记的 Navajo 标记系统。这一标记系统在单倍体鉴定中得到了广泛应用。当携带该标记系统的材料作为授粉者与普通材料杂交时，其产生的籽粒可依据胚盾状体和胚乳糊粉层的着色情况分为三类：第一类为胚盾状体和胚乳糊粉层均着色；第二类为胚盾状体无色而胚乳糊粉层着色；第三类为胚盾状体和胚乳糊粉层均不着色。其中，第一类和第三类籽粒占绝大多数，通常为杂合二倍体或花粉污染所致；而第二类籽粒比例较低，为所需的单倍体籽粒。进一步种植第二类籽粒后，若幼苗叶鞘呈现紫色，则表明其为非单倍体，须予以淘汰；若叶鞘为绿色，则可判定其为单倍体或双单倍体。Navajo 标记系统通过整合两个独立的遗传标记性状，显著提升了单倍体鉴别的效率和准确性。此外，母本材料中携带的无叶舌（*lg*）或光叶（*gl*）等隐性性状，因其在幼苗期易于观察，也可作为孤雌生殖单倍体鉴定的辅助手段。

（五）油分标记鉴定法

陈绍江与宋同明（2003）首次提出基于油分花粉直感效应的单倍体鉴定方法。油分花粉直感效应是指高油玉米作为父本时，能够在杂交当代显著提升母本籽粒油分含量的现象。研究表明，以高油单倍体诱导系为父本与普通玉米杂交后，杂交籽粒的平均含油量为5.26%，而单倍体籽粒的平均含油量仅为 3.42%。杂交籽粒的油分含量显著高于单倍体籽粒，其花粉直感效应导致的增油率超过 30%。基于油分差异的单倍体筛选方法准确率超过 90%，显著优于传统的 Navajo 籽粒标记法，突破了仅依赖颜色标记进行单倍体鉴定的技术局限。刘金等（2012）进一步开发了单倍体核磁共振自动分拣系统，显著提升了单倍体鉴定的效率与精度，为大规模单倍体筛选提供了高效的技术支持。

（六）分子标记鉴定法

随着分子生物学技术的不断进步，研究者已广泛采用 SSR、AFLP 等分子标记技术对单倍体进行精准鉴定，尤其在组织培养衍生的单倍体研究中，其应用尤为显著。汤飞宇等（2004）通过 SSR 标记技术成功鉴定了玉米孤雌生殖来源的双单倍体，验证了该技术的可靠性。分子标记技术以其快速、高效、低成本的优势，成为早期鉴定植株的理想方法，且仅需少量植物组织即可完成检测。

单倍体幼胚组培技术作为当前最先进的 DH 系生产手段，具有高效性及规模化生产的显著特点，然而其成功的关键在于早期单倍体的准确鉴别。先锋公司则采用紫色遗传标记或 GFP 荧光标记的诱导系作为父本，在幼胚阶段实现单倍体的精准鉴定，并通过添加加倍药剂的培养基进行离体培养，最终获得加倍 DH 系。中国农业大学已成功构建该技术的自主平台，并实现了规模化应用，进一步推动了该技术的产业化发展。

第三节 单倍体加倍技术与 DH 系测试

单倍体仅具备配子染色体组，其染色体数目决定了其无法进行减数分裂，导致雄花普遍呈现高度不育性，仅在极少数情况下能够自发实现二倍化。鉴于这一生物学特性，将单倍体转化为双单倍体（DH 系）成为必要步骤。单倍体加倍过程可分为自然加倍与人工加倍两种途径，其中自然加倍依赖于生物体自身的遗传机制，而人工加倍则通过外部干预手段实现染色体数目的恢复。

一、自然加倍

自然加倍现象是指单倍体染色体在未经人为干预的自然条件下发生的

自发加倍过程。这一现象在多种生物类群中均有报道，其发生频率呈现出显著的种间差异。研究表明，自然加倍的发生机制涉及复杂的遗传与环境互作关系。从遗传学角度来看，不同基因型个体在自然加倍率上存在显著差异，这暗示着基因组中存在调控染色体加倍的关键基因或基因网络。环境因子对自然加倍过程具有重要调控作用，其中温度、湿度等物理因素通过影响细胞分裂周期和染色体行为来调控加倍效率。营养条件作为重要的化学因子，其丰缺程度直接影响细胞的代谢状态和染色体复制能力。此外，生物逆境如病原体侵染或竞争压力等，可能通过诱导细胞应激反应而提高染色体加倍概率。值得注意的是，这些影响因素并非独立作用，而是通过复杂的信号网络相互交织，共同调控自然加倍过程。

（一）影响玉米单倍体育性恢复的因素

玉米单倍体育性恢复的效率受多种因素影响，其中自然加倍率、基因型差异、环境条件及人工干预手段均扮演重要角色。不同物种在自然加倍率上存在显著差异，例如某些大麦品种的自然加倍率可达到87%，而玉米作为雌雄异花作物，其单倍体植株的雌雄加倍表现存在明显分化。研究表明，单倍体植株的雌穗二倍化恢复程度显著高于雄穗，而单倍体能否实现自交结实的关键在于雄穗是否能够产生可育花粉。研究发现，温带骨干种质的单倍体雄穗加倍率显著高于地方种质，且早熟种质的表现优于晚熟种质。此外，通过轮回选择可有效提升单倍体雄穗的可育率。对于自然加倍率较高的材料，可直接依赖自然加倍过程，不需要进行人工干预。

环境因素对单倍体自然加倍效率的影响同样不可忽视。研究表明，大田条件下单倍体可育比例范围为0~20%，而在温室条件下这一比例可提升至0~70%。刘志增与宋同明（2000）通过不同环境下的实验发现，单倍体雄穗散粉株率在4.35%~11.24%，平均值为6.72%，其中北京春播环境下的表现最优，依次为晚春播、夏播和三亚冬播。分析认为，较低温度或较大的昼夜温差更有利于雄花育性的恢复。蔡泉等（2012）的研究进一步证实，海南地区的气候条件对单倍体加倍具有显著促进作用。季洪强等（2012）的研究则表明，甘肃地区的单倍体加倍效果优于海南，这一差异可能与地理环境及气候条件的综合作用有关。

（二）玉米单倍体育性恢复与遗传机制

单倍体染色体自然加倍的生物学机制尚未完全阐明，但其普遍存在于多种作物中，这一现象可视为细胞对二倍体状态的固有恢复倾向。目前，学界主要从核内复制、核内有丝分裂、细胞融合及 C- 有丝分裂 4 个理论框架解释这一现象。Tinker（2006）对玉米单倍体小孢子减数分裂的研究表明，在偶线期，染色体呈现多样化的配对模式：56% 的细胞中 10 条染色体以单价体形式存在，33% 的细胞出现 8 个单价体和 1 个二价体，6% 的细胞出现 6 个单价体和 2 个二价体，3% 的细胞出现 7 个单价体和 1 个三价体，2% 的细胞出现 5 个单价体、1 个二价体和 1 个三价体。值得注意的是，二价体和三价体的形成表现为染色体的首尾相连或环状配对，且参与配对的染色体具有非固定性。在减数分裂后期Ⅰ，染色体分离方式以 5∶5 或 4∶6 为主，在所观察的 942 个细胞中未出现 0∶10 的分离模式。此外，单价体姊妹染色体的提前分离及染色体落后现象时有发生，导致后期Ⅱ中姊妹染色体的随机分离，最终形成不育的小孢子。理论上，10 条染色体同时进入一个细胞的概率为 1/1 024，因此仍存在形成可育配子的可能性。一旦单倍体细胞的染色体数恢复为 2n，减数分裂过程即恢复正常，产生的花粉具备完全可育性。

Gayen 等（1998）对玉米单倍体花粉母细胞的观察发现，细胞间存在细胞质融合现象，并伴随染色质的转移，推测单倍体花粉育性和雌穗结实性的提升与细胞融合密切相关。Testillano 等（2004）对离体培养玉米早期小孢子胚胎形成的研究发现，培养 5~7 d 后出现多核细胞，提出早期细胞内的核融合现象是自发二倍化的重要机制。吴鹏昊等（2016）利用流式细胞仪对郑单 958 诱导产生的单倍体进行观察，发现体细胞加倍与生殖细胞加倍无显著相关性，且雌雄穗加倍率存在差异，其中雌穗自然加倍率较高。还有研究发现 4 个与雄穗恢复相关的 QTL 位点，其中 3 个在单倍体群体中检测到，并鉴定出位于第 6 染色体上的主效 QTL，位于 IND166 和 IND1668 标记之间。

二、人工加倍

由于大部分单倍体无法自然加倍，为了获得更多的单倍体后代，对其进行人工处理是必要的。

（一）加倍因素

染色体加倍技术的研究与应用在植物遗传育种领域具有重要价值。物理因素诱导染色体加倍的方法，如 X 射线、γ 射线和中子辐照等，虽可引发染色体加倍，但伴随产生的染色体损伤、断裂和丢失等负面效应，导致成功率偏低。化学诱导剂在染色体加倍领域展现出显著优势。秋水仙素作为最广泛应用的化学试剂，其作用机制主要通过对微管蛋白的降解，抑制有丝分裂过程中纺锤丝的形成，从而阻止染色体分离，实现加倍效果。该试剂对植物种子、幼芽、花蕾、花粉和嫩枝均具有诱导作用，其效率受药剂浓度、处理时间和温度等多重因素影响。为提高秋水仙素的诱导效率，研究者开发了多种辅助溶剂，其中，DOMS因具有增强溶液穿透能力和促进分生组织活性的特性。

秋水仙素在实际应用中存在诸多限制，包括诱导过程中易导致死苗、畸形等不良现象，以及其强毒性带来的环境污染风险。因此，开发安全高效的新型化学诱导剂成为单倍体育种研究的关键方向。目前已发现多种具有微管组装抑制作用的试剂，如甲基胺草膦（APM）、炔苯酰草胺（拿草特）、安磺灵、氟乐灵以及N_2O等，均表现出不同程度的染色体加倍效果。

（二）加倍方法

对玉米单倍体加倍处理方法主要包括以下几种。

1. 浸种法

浸种法是一种通过将单倍体玉米种子置于特定浓度的秋水仙素溶液中处理，以实现染色体加倍的技术。该方法的实施效果受多种因素影响，如浸泡时间、溶液浓度、辅助处理措施等。实验表明，种子在浸泡前需用清水预浸至吸胀状态，以减少秋水仙素的吸收，并在处理后进行清水冲洗，以降低药害风险。浸种处理后的种子发芽率通常维持在85%～90%，但其效率因遗传背景差异而有所不同。

2. 浸芽法

浸芽法作为单倍体加倍技术的一种重要手段，将单倍体种子置于适宜条件下萌发，待幼芽生长至1.5～2 cm时，切除芽鞘顶端以暴露切口，随后将幼芽浸入秋水仙素溶液中进行处理，处理完毕后需用清水彻底冲洗。此后，将处理后的幼芽移栽至育苗盘或营养钵中，在遮阴和温度可控的环境中进行缓苗培养，待幼苗发育至4～5片叶时，方可移栽至大田。研究表明，药剂浓度、处理时长、环境条件及育苗措施等因素均对加倍效果产生显著影响。浸芽法在单倍体加倍方面表现出较高的效率，但其操作程序较为复杂，对幼苗移栽及缓苗等田间管理技术要求较高，且所需秋水仙素溶液量较大,增加了人体接触秋水仙素的风险。因此,在实际操作中需采取严格的防护措施,以避免中毒事件的发生。

3. 浸根(苗)法

浸根(苗)法是一种通过化学诱导实现单倍体植株染色体加倍的技术手段,其核心在于利用秋水仙素溶液对单倍体幼苗的根系或基部进行特定浓度与时间的处理。具体操作流程包括将幼苗浸入预设浓度的秋水仙素溶液中,随后以清水冲洗以降低药物残留的毒性,最终将处理后的幼苗移栽至田间,观察并统计其染色体加倍效果。

4. 注射法

注射法是一种通过注射器将特定浓度的秋水仙素溶液直接注入单倍体植株的技术手段。其处理效果受多重因素影响,如溶液浓度、注射剂量以及操作时机等。注射法的优势在于可直接在田间操作,不需要育苗和移栽,且用药量极少,适合大规模材料处理。然而,由于注射部位难以精准识别,且植株间存在显著差异,因此对操作技术要求较高。若处理时机或注射位置把握不当,将显著降低处理效果。

5. 滴心法

滴心法是一种通过将具有加倍效用的药液施用于单倍体幼苗新叶的技术手段,旨在提升单倍体植株的加倍效率。

6. 培养基加倍法

在单倍体诱导技术中,培养基加倍法是一种关键手段。该方法通过无菌操作将外植体接种于人工培养基,并在激素等诱导物的作用下形成愈伤组织或胚状体,进而通过分化培养获得单倍体植株。若在培养基中引入秋水仙素,则可促使单倍体细胞染色体加倍,最终形成二倍体植株。

三、DH 系鉴定与测试

(一)DH 系扩繁与鉴定

单倍体加倍形成纯合二倍体,即 DH 系。DH 系在理论上具备无杂合位点的特性,系内个体表现高度一致,相较于传统多代自交产生的自交系,DH 系在遗传纯合度与性状稳定性方面具有显著优势。然而,单倍体加倍植株的结实籽粒数存在显著差异,需根据结实籽粒数的多寡采取相应的扩繁与鉴定策略。对于结实籽粒数量较多的单倍体，可在第二个生长季成行种植，同步进行表型观察与配合力测定。若结实籽粒数极少（1～3粒），则需在第二个生长季优先进行扩繁，表型鉴定则需延至第三个生长季，此举虽延长育种周期，但为后续测配奠定基础。为提高土地利用率，可将结实籽粒少的DH系采用双粒或三粒一穴种植，既可节约土地资源，又可初步鉴定其抗性与耐密性等性状。由于DH系的产生具有随机性，若某一材料获得的DH系数量较多，可优先淘汰结实籽粒少的个体，以优化资源分配。

DH系的鉴定内容涵盖农艺性状、抗病性、抗逆性及适应性等多方面。具体操作可根据资源条件灵活调整。例如，可将同一批DH系分置于2～3个不同地点进行鉴定：第一地点重点调查农艺性状，如幼苗叶鞘颜色、株高、穗位、叶片数、雄穗分枝数、花药颜色、散粉、吐丝及成熟期等生育期信息；第二地点主要鉴定抗病性，可选择病害高发区域进行自然发病观察，或通过人工接种鉴定主要病害；第三地点则侧重抗逆性鉴定，如抗倒性与抗旱性等。通过高密度种植DH系，模拟胁迫环境，可有效评估其耐密性、抗逆性及丰产性等性状。最终，通过系统鉴定，淘汰存在明显缺陷的DH系，以筛选出具备优良性状的个体，为后续育种工作提供可靠材料。

（二）DH系测试与利用

在单倍体诱导率显著提升、加倍技术持续优化以及育种规模日益扩大的背景下，如何从海量的DH系资源中高效筛选出符合育种目标的优良品系，已成为提升育种效率的关键问题。构建科学合理的DH系评价模型，不仅能够有效降低育种成本，还为规模化育种与精准选择提供了理论依据与实践支撑。

Longin等（2008）通过蒙特卡洛模拟方法，对比了一阶段与两阶段选择策略的优劣。其中，一阶段选择基于单年田间试验数据，而两阶段选择则整合两年试验结果进行综合评价。研究结果表明，在相同预算条件下，两阶段选择策略能够将起始群体DH系及测交种地点的数量提升至一阶段选择的两倍，同时显著提高遗传增量与效应概率。随着选择阶段的增加，待测优系数量逐步减少，而测交测验种数量与测验地点数量则相应增加，进一步优化了筛选效率。

研究人员以农大108和郑单958的DH系为研究对象，通过多点多年种植试验，采用蒙特卡洛抽样方法模拟了不同规模小区的选择响应。研发现，随着测验地点的增加，选择响应呈现先上升后趋于平稳的趋势。例如，在 5 000 个小区预算下，从 1 个地点增至 2 个地点时，选择响应增幅为 16.07%，而从 2 个地点增至 3 个地点时，增幅降至 5.39%，至 8 个地点时增幅甚至为负值。这表明，DH 系群体的最优评价地点数应控制在 3~6 个，以实现最大化选择响应。此外，优良 DH 系的基因型值概率 P 与选择响应呈现相似的变化趋势，均随地点数增加而提升，但增幅随地点数增多逐渐减缓。研究还发现，评价 DH 系数量的增加同样能够显著提升选择响应与优良基因型概率。例如，在 1 个地点评价时，DH 系数量从 1 000 增至 10 000，选择响应从 0.845 提升至 1.057，优良基因型概率 P 从 0.201 增至 0.272。这一结果表明，随着 DH 技术的不断优化，未来评价 DH 系的数量将进一步增加，从而为育种提供更丰富的资源（季洪强等，2011）。

随着拟南芥、水稻、玉米等模式植物全基因组测序的完成以及高通量 SNP 标记的开发，全基因组选择（GWS）在植物育种中的应用已成为研究热点。GWS 技术通过整合全基因组范围内的 SNP 标记与参照群体的表型数据，构建 BLUP 模型以估计个体育种值（GEBV），从而实现对育种群体个体的高效选择。影响 GWS 效率的关键因素包括参照群体的类型与规模、模型构建方法、标记类型与数量以及性状遗传力等。为确保 GEBV 估算的准确性，参照群体需具有代表性，能够充分反映育种过程中分离群体的遗传多样性。

第四节　单倍体技术优化与工程化育种

工程化育种作为现代种业发展的核心战略，其本质在于通过系统性、标准化及规模化的技术整合，实现育种流程的优化与效率提升。国际领先种业企业已率先构建起以自动化、数据驱动为特征的工程化育种体系，显著推动了育种模式的革新。然而，我国在作物育种领域的工程化应用仍处于相对滞后状态，与发达国家存在显著差距。为加速我国现代育种体系的建设，亟须从工程化与系统化两个维度协同推进。其中，单倍体育种技术因其兼具高效性与可操作性，在提升育种速度的同时，更易于实现自动化与规模化生产，其广泛应用将为我国玉米育种领域带来突破性进展，进而推动种业整体技术水平的提升。

一、单倍体育种技术优化

（一）诱导技术优化

1. 父母本种植时期

在玉米杂交育种过程中，父母本种植时期的合理安排是实现花期同步的关键技术环节。鉴于亲本材料在生育周期上存在显著差异，必须对诱导系与受体材料的生长发育特性进行系统性研究，以确保最佳授粉窗口期。研究表明，玉米雌穗花丝在吐丝后 6 d 内具有较高的花粉接收能力，这一生理特性为授粉操作提供了明确的时间依据。基于此，生产实践中通常采用分期播种策略，将诱导系分 2~3 个批次进行种植，其具体播种时间需依据受体材料的生育进程进行精确计算与调整。这种分期播种方法不仅能够有效延长授粉期，还可提高授粉成功率，从而确保杂交种子的产量与质量。在实际操作中，还需考虑当地气候条件、土壤特性等环境因素对生育期的影响，以实现父母本花期的最优化匹配。

2. 诱导环境

单倍体诱导效率与环境条件密切相关，其诱导成功率显著受地理位置与季节因素的调控。多项实证研究证实，环境变量对单倍体诱导率具有决定性影响。黎亮等（2012）选取北京与海南作为对照实验区域，其研究数据表明，海南冬季的单倍体诱导效率达到 3.39%，显著优于北京夏季的 1.86%。文科等（2006）的研究则揭示了授粉时机的关键性，其数据显示，北京地区伏后授粉的诱导效率是伏期授粉的两倍。

3. 授粉方式

单倍体诱导技术中，授粉方式的选择直接影响诱导效率与实施可行性。研究表明，人工授粉与自然授粉在单倍体诱导机制上存在显著差异。Chalyk 与 Rotarenco（2001）通过实验证实，人工授粉的单倍体诱导频率显著高于自然授粉，这一现象主要归因于自然授粉过程中异雄核受精概率的升高，导致单受精频率降低。从操作层面分析，人工授粉具有多重优势：不需要隔离措施，诱导系用量较少，且可分散种植于不同地块，有效降低资源集中度。然而，其局限性在于对人力资源的依赖性较强，难以适应大规模生产需求。相比之下，自然授粉在操作模式上与杂交制种相似，需满足严格的隔离条件，并按特定比例配置母本与诱导系。尽管其操作流程相对复杂，但在劳动力投入方面具有显著优势，更适合大规模单倍体诱导的实施。因此，授粉方式的选择需综合考虑诱导效率、资源投入及规模化生产的实际需求，以实现最优技术路径的配置。

4. 授粉时间

多项研究表明，授粉时间的延迟对玉米单倍体诱导率具有显著影响。文科等（2006）进一步研究指出，长花丝授粉条件下的单倍体诱导率显著高于短花丝，推测其机制可能与长花丝环境下精核不同步的概率增加有关，从而导致单受精事件的频率上升。然而，花丝的生活力因材料种类和环境条件而异，这在一定程度上限制了延迟授粉的普遍适用性。尽管延迟授粉能够提升单倍体诱导率，但其负面效应表现为总体结实率的显著下降，进而可能导致单倍体绝对数量的减少。因此，从实践角度出发，选择花丝活力较高的时期进行授粉，不仅能够保证较高的结实率，还能获得更多的单倍体。

5. 基础材料

受体基础材料的遗传构成是决定诱导优良纯系成功概率的关键因素，因此在选材过程中需进行严格筛选。研究表明，母本材料的遗传背景对单倍体诱导频率具有显著影响。Lancaster 类群材料的单倍体诱导频率显著高于 Reid、四平头、旅大红骨及热带地方种质群。此外，高世代材料（S_4、S_5）虽然单倍体诱导率较高，但每株单倍体粒数较少；而 S_1 代材料尽管诱导率较低，但其果穗较大，实际获得的单倍体数量较多，因此 S_1 代被视为较为理想的诱导世代。

在田间种植规划中，需根据预期获得的 DH 系数量合理确定受体和诱导系的种植规模。假设诱导率为 5%，每个杂交果穗结实 250 粒，且排除杂合籽粒后，单倍体籽粒的发芽率为 95%、加倍率为 5%，若计划获得 100 个 DH 系，则至少需要种植 170 株受体材料。若采用化学处理进行加倍，且加倍率提升至 30%，则种植规模可缩减至 28～30 株。值得注意的是，当前新选育的诱导系在诱导率方面已突破 10%，且加倍率显著提高，尤其是幼胚组培技术的应用使加倍率提升至 50%～70%，这大幅减少了所需受体材料的种植规模。

6. 诱导系

玉米诱导系在遗传育种中扮演着关键角色，然而其固有的生长势较弱特性对管理提出了较高要求。为确保大规模诱导应用的可行性，须实施精细化栽培管理并扩大繁殖规模。研究表明，海南冬季的独特气候条件为诱导系繁殖提供了理想环境。值得注意的是，诱导系在长期使用过程中不可避免地会出现遗传退化现象，这对繁育工作构成了显著挑战。为应对这一问题，可采用姊妹交配等遗传改良手段，以维持诱导系的优良特性。通过诱导系与优良种质的杂交组合，可显著提升其生长势、环境适应能力及花粉传播效率，从而满足规模化诱导的技术需求。

单倍体诱导技术在单倍体育种体系中具有不可替代的作用，其效率直接影响育种进程。在大规模单倍体育种实践中，需从系统工程角度对诱导技术进行系统性优化。具体而言，应着重考虑三个关键要素：高诱导率种质材料的选择、适宜诱导地点的筛选以及最佳诱导时期的确定。这三个要素的协同优化将显著提升单倍体育种技术的整体效率，推动育种工程向专业化、基地化方向发展。然而，随着单倍体育种技术的广泛应用和规模化发展，仍需持续探索更为完善的诱导优化方案，为单倍体育种工程的系统化实施提供坚实的理论基础和技术支撑。

（二）单倍体鉴别技术优化

单倍体鉴别技术的优化是当前植物遗传育种领域的重要研究方向。传统方法主要依赖于籽粒颜色标记来区分单倍体与二倍体，其中，A1A2C1C2P1Rnj 显性标记系统被广泛应用。该技术通过 Navajo 标记初步筛选潜在单倍体籽粒，随后依据胚根或叶鞘色素的有无进行二次确认。然而，该方法存在显著局限性：颜色基因的表达易受环境因素和母本遗传背景的干扰，导致鉴别准确率不稳定，且难以实现自动化操作。Navajo 标记在不同杂交组合中的表现差异显著，部分组合中籽粒糊粉层和盾状体着色较深，而在其他组合中则着色较浅甚至无着色。这种现象的成因复杂，主要包括以下几个方面：一是籽粒成熟度直接影响着色深度，成熟度越高，着色越深；二是 $C1$、$C2$、R、$Bz1$、$Bz2$ 等色素基因的剂量效应显著，例如，2 个或 3 个 $C1$ 基因剂量可导致深紫色糊粉层，而 1 个 $C1$ 基因剂量则表现为淡紫色；三是色素基因的表达受到增强基因和修饰基因的调控，如 $Bz1$ 和 $Bz2$ 虽非花青素合成的必需基因，但可增强色素表达强度，隐性基因 inl 则具有增强色素表达的功能；四是抑制基因如 $C-I$ 和 Idf 分别抑制 $C1$ 和 $C2$ 基因的表达，从而影响籽粒色素的表现。籽粒种皮的厚度亦对色素表达产生影响，种皮越薄，着色越深。

相较于传统方法，基于籽粒油分含量的单倍体鉴别技术展现出更高的准确率，且与自动化筛选设备的结合显著提升了鉴别效率。我国在此领域取得突破性进展，成功研制出全球首台核磁共振单倍体自动化鉴别设备，中国农业大学亦选育出配套的高油分单倍体诱导系，使得该方法得以广泛应用。然而，现有诱导系多为常规材料，利用油分进行杂交诱导籽粒的鉴选仍需进一步探索。此外，近红外等新兴技术的应用研究有望为单倍体自动化筛选提供新的技术路径。

（三）单倍体加倍技术优化

单倍体加倍技术的优化是当前育种领域的关键挑战之一。尽管新型诱导系的选育与单倍体鉴别技术的进步已显著提升了诱导效率，但单倍体加倍环节仍存在技术瓶颈。自然加倍效率受遗传基因型与环境条件的双重影响，特定区域如甘肃、海南等地具备适宜的自然加倍条件，可实现规模化应用。然而，不同材料基因型的显著差异使得单纯依赖自然加倍难以满足育种实践需求，因此化学加倍成为提升效率的必要手段。在众多加倍试剂中，秋水仙素表现出最优的加倍效果。其处理效率受浓度、时间、温度及其交互作用的综合影响，其中温度尤为关键。适当提高温度可促进细胞分裂，但同时也可能加剧药害。采用变温处理策略，即在低温（17℃）条件下进行秋水仙素处理，随后恢复至常温（25℃）生长，可有效减轻药害，促进细胞分裂同步化，降低混倍体频率，从而显著提升加倍效率。

随着组培技术的成熟与单倍体早期鉴定技术的突破，单倍体幼胚培养直接发芽生苗成为未来发展方向。该技术可省略籽粒灌浆成熟等发育阶段，缩短育种周期，并省去籽粒鉴定环节，实现DH系工厂化周年生产。具体操作流程为：将授粉10～12 d的幼胚或长至1.5～2.5 cm的幼胚剥离，置于培养基中进行离体培养，通过遗传标记鉴定筛选单倍体，继代培养形成单倍体再生体系，既可进行转化，也可探索加倍方法以获得DH系。该技术的成功实施依赖于更高频率的单倍体诱导系，以确保杂交果穗上产生更多单倍体籽粒，同时需要更加精确的单倍体早期鉴别技术，以实现规模化高通量加倍效率。先锋公司通过紫色遗传标记或含有GFP荧光标记的诱导系杂交，结合幼胚离体组织培养技术，依据标记早期鉴定单倍体幼胚，并将加倍试剂加入培养基，显著提升了单倍体植株的加倍频率，同时改善了散粉性能与结实性。

二、技术集成与工程化育种

作物育种学科历经数十年发展，已构建起包括系统选育、诱变育种及杂种优势利用在内的技术体系。现代生物技术的突破性进展，特别是分子育种技术的引入，显著推动了育种领域的革新进程。随着育种规模的持续扩大与技术体系的日益复杂化，亟须引入系统化、科学化的管理方法。将系统工程理论应用于作物育种实践，不仅能够优化育种流程，提升育种效率，更对增强我国作物育种领域的科技创新能力具有重要的战略意义。

（一）单倍体技术与其他育种技术融合

单倍体技术在育种领域的应用已逐步从单一方法向多技术融合方向发展。当前单倍体育种主要采用回交或自交后代材料直接诱导产生单倍体，随后通过染色体加倍形成DH系。然而，该方法存在显著局限性，即仅适用于可育单倍体，而对不育单倍体的利用则受到制约。针对这一技术瓶颈，通过持续使用诱导系进行诱导，可生成新型单倍体；将可育单倍体与不育单倍体分别与亲本自交系、杂交种进行回交，从而构建BH群体和CH群体。这些新型群体不仅具有独特的遗传特征，更为育种实践开辟了新的研究路径。值得注意的是，在授粉后籽粒形成过程中已完成染色体加倍的EH系，其形成的EH群体可直接应用于组配测定，显著提升了育种效率。以DH技术为核心，整合传统育种方法的融合体系展现出显著的通用性优势，由此衍生出的全单倍体（TH）技术体系，为不同规模的育种实践提供了系统化解决方案，推动了育种技术的创新发展（黎亮等，2012）。

（二）单倍体工程化育种

单倍体工程化育种作为一种现代育种技术，其核心在于通过单倍体诱导与加倍技术，快速获得纯合自交系，从而显著提升育种效率。陈绍江针对我国农业生产的实际需求，提出了一套系统化的工程化育种体系。该体系在品种设计、材料筛选、单倍体诱导、加倍处理及DH系测试等关键环节均进行了科学规划与优化。具体技术路径包括高油诱导系的应用、幼胚组织培养以及化学加倍处理等。为满足规模化生产需求，在海南三亚建立了集诱导、组培、加倍于一体的技术平台，并配套DH系评价基地，实现了诱导规模化、籽粒鉴别自动化及加倍工厂化的目标。通过充分利用海南冬季与西北地区春季的气候优势，形成了南诱导—甘肃加倍—海南扩繁鉴定或方诱导—海南加倍—北方扩繁鉴定—海南测配的周年循环育种模式，显著缩短了育种周期（张俊雄等，2013）。

第七章

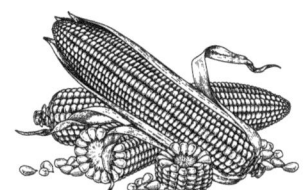

玉米分子标记技术

07

第一节 分子标记技术概述

一、分子标记技术的概念

遗传标记是遗传学研究中用于追踪染色体、特定染色体片段或基因座在遗传谱系中传递的可识别特征。其核心属性在于可遗传性与可识别性，这两大特征使其成为遗传分析的重要工具。随着遗传学技术的进步，遗传标记的类型与数量持续扩展。在植物遗传学领域，遗传标记主要划分为四大类别：形态学标记、细胞学标记、生化标记以及分子标记。分子标记作为现代遗传学的重要分支，其定义具有广义与狭义之分。广义分子标记涵盖可遗传且可检测的 DNA 序列及蛋白质，其中蛋白质标记主要包括种子储藏蛋白与同工酶；狭义分子标记则特指 DNA 分子标记。

DNA 分子标记是基于基因组中核苷酸序列变异而产生的遗传标记，能够直接反映生物个体或种群间 DNA 水平的差异。这类标记通过检测 DNA 分子的变异，实现对遗传差异的精确识别。其检测范围涵盖生物体的各个发育阶段、不同组织器官乃至单个细胞，且不受环境因素与基因表达状态的干扰。相较于其他类型的遗传标记，DNA 分子标记具有显著优势：一是检测基于 DNA 分子，可在生物体任何组织与发育阶段进行，不受时空表达差异的限制。二是标记数量庞大，可覆盖整个基因组。三是具有高度多态性，其等位变异多为自然存在，不需要人工构建。四是部分标记呈现共显性特征，能够区分纯合与杂合基因型，提供完整的遗传信息。五是随着分子生物学技术的进步，DNA 分子标记的操作趋于简便、快速，且易于实现自动化。

基于 DNA 的分子标记技术还具有样本保存的长期性与结果追溯的便捷性。在适宜条件下，提取的 DNA 样本可长期保存，便于后续分析与验证。尽管各类 DNA 分子标记具有上述共性特征，但各自在技术层面仍存在独特的优势与应用特点，这为遗传学研究提供了多样化的选择与可能性。表 7-1 比较了几种主要的 DNA 分子标记技术的特点。

表 7-1 主要分子标记方法的比较

分子标记方法	多态性水平	技术难度	可靠性	遗传特点	基因组分布
RFLP	中等	高		共显性	低拷贝编码序列区域
RAPD	中等	低		多数共显性	整个基因组
AFLP	中等	中等	高	共显性/显性	
SSR	中等	低	高	共显性	
SNP	高	低	高	共显性	

DNA 分子标记技术依据其技术原理与应用特点，可系统划分为四大类别。

第一大类，基于 DNA 杂交技术的分子标记体系，其核心在于利用核酸分子杂交原理进行基因型鉴定，典型技术包括限制性片段长度多态性标记（RFLP）与数目可变串联重复序列多态性标记（VNTR），这类技术具有较高的特异性与稳定性，但操作相对复杂。

第二大类，基于聚合酶链式反应（PCR）技术的分子标记体系，该技术体系随着 PCR 技术的革新而迅速发展，代表性技术涵盖随机扩增多态性 DNA 技术（RAPD）、扩增片段长度多态性标记技术（AFLP）、微卫星 DNA 标记技术（SSR）以及单核苷酸多态性标记技术（SNP），其显著优势在于操作简便、灵敏度高，适用于大规模样本分析。随着基因组学技术的持续突破，特别是芯片技术与高通量测序技术的革命性进展，DNA 分子标记技术已迈入全新发展阶段。

第三大类，基于芯片平台的 DNA 标记技术，其以单核苷酸多态性（SNP）分析为核心，代表性技术平台包括 Illumina 公司开发的 GoldenGate 技术与 Infinium 平台，这类技术具有高通量、高精度的特点，可实现大规模基因分型分析。

第四大类，基于二代测序技术的 DNA 分子标记体系，其典型代表为基于测序的基因分型技术（GBS），该技术通过高通量测序平台实现全基因组范围的标记分析，具有信息量大、分辨率高等显著优势，为基因组学研究提供了强有力的技术支撑。这些技术体系的演进与发展，不仅推动了分子标记技术的革新，更为基因组学研究的深入发展奠定了坚实的技术基础。

二、基于 DNA 杂交技术的分子标记

（一）RFLP 标记

限制性片段长度多态性（RFLP）技术是一种基于 DNA 序列变异的分

子标记方法，由 Grodzicker 于 1974 年首次提出，并在 1980 年由 Botstein 等人进一步发展和完善。该技术通过限制性内切酶对 DNA 进行特异性切割，检测由此产生的片段长度差异，从而揭示 DNA 序列的多态性。其核心原理在于，不同个体或物种的 DNA 序列在限制性内切酶识别位点的分布上存在差异，酶切后产生的片段长度和数量具有特异性，进而形成独特的 RFLP 图谱。

RFLP 技术的实验流程主要包括以下几个步骤：首先，从目标生物体中提取基因组 DNA；其次，使用限制性内切酶对 DNA 进行酶切，生成不同长度的片段；再次，通过琼脂糖凝胶电泳分离这些片段；复次，将分离后的 DNA 片段转移到硝酸纤维素膜上，利用放射性标记的探针进行 Southern 杂交；最后，通过放射自显影技术显示杂交结果，并对数据进行分析。

在生物进化过程中，DNA 序列的变异主要源于碱基突变、序列缺失、插入或重排等事件。这些变异可能导致限制性内切酶识别位点的增加或缺失，从而在酶切后产生不同的片段模式。通过 RFLP 技术，可以检测这些片段的多态性，进而揭示个体或群体之间的遗传差异。该技术具有较高的可靠性，因其直接基于 DNA 序列的自然变异，不需要人工诱变处理。此外，RFLP 技术能够反映 DNA 水平上的广泛差异，且具有共显性特征，能够区分杂合体和纯合体，并确定多态性的来源及其突变类型。

然而，RFLP 技术也存在一定的局限性。其操作过程较为复杂，耗时较长，且具有种属特异性，主要适用于单拷贝或低拷贝基因的分析。由于多态性位点的数量有限，且检测周期长、成本高，该技术在大规模分子育种中的应用受到限制。因此，在植物分子标记辅助育种中，常需将 RFLP 标记转换为基于 PCR 技术的标记，以提高效率和降低成本。尽管如此，RFLP 技术在多个领域仍具有重要应用价值。

（二）VNTR 技术

VNTR（variable number of tandem repeats）技术，即数目可变串联重复序列多态性标记技术，是一种基于基因组中短串联重复序列（卫星 DNA）的分子标记方法。其原理与 RFLP（限制性片段长度多态性）技术具有相似性，均依赖于限制性内切酶对 DNA 序列的特异性切割。在真核生物基因组中，短串联重复序列广泛存在，VNTR 技术通过确保酶切位点位于非重复序列区域，从而保持小卫星或微卫星序列的完整性。同时，基因组其他区域的高密度酶切位点使得卫星序列所在的片段能够最大限度地减少无关序列的干扰。由于小卫星和微卫星在基因组中的分布位置、重复次数及序列复杂性存在显著差异，VNTR 在群体中表现出高度的多态性特征。这种多态性具有非组织特异性，因此检测结果具有较高的可靠性和稳定性。

VNTR 技术在实际应用中存在若干局限性。如标记数量相对有限，且在基因组中的分布呈现不均匀性，严重制约了其在基因定位研究中的广泛适用性。VNTR 技术的实验操作流程较为复杂，检测周期较长，且所需成本较高，这些因素进一步限制了其在高通量、大规模基因组分析中的应用价值。尽管 VNTR 技术在多态性检测方面具有独特优势，但其技术缺陷仍需通过后续方法学的优化与改进加以克服。

三、基于 PCR 技术的分子标记

（一）RAPD 标记技术

RAPD 标记技术（random amplified polymorphic DNA）是一种基于 PCR 原理的分子标记方法，通过使用短序列寡核苷酸引物（通常为 10 个碱基）对基因组 DNA 进行随机扩增，由于不同 DNA 模板与引物的结合位点存在差异，扩增产物在凝胶电泳中呈现出多态性。RAPD 技术的优势在于其操作简便，不需要放射性同位素标记，且对 DNA 模板的需求量极低，适用于常规实验室条件。然而，该技术也存在显著局限性：一是 RAPD 标记为显性标记，无法在 F_1 代中区分纯合显性与杂合基因型。二是在基因定位和遗传作图过程中，显性遮盖效应可能导致遗传距离计算的准确性降低。三是 RAPD 技术对实验条件高度敏感，包括模板质量、浓度等因素，加之引物长度仅为常规 PCR 引物的一半，导致实验结果重复性较差。尽管如此，RAPD 技术在植物遗传资源保存、遗传多样性分析、种质资源鉴定、遗传资源分类、品种纯度鉴定、杂交育种、遗传图谱构建、突变检测、基因标记及基因组比较等领域仍具有广泛的应用价值。

（二）AFLP 技术

AFLP（amplified fragment length polymorphism）技术，即扩增片段长度多态性标记，通过整合 RFLP 的可靠性与 RAPD 的简便性，实现了对基因组 DNA 的高效分析，核心原理是基于限制性内切酶对基因组 DNA 的特异性切割，随后通过 T4 DNA 连接酶将人工双链 DNA 接头连接至限制性片段两端，形成带有接头的特异性片段。通过 PCR 引物与接头 3′ 端序列的特异性识别，实现目标片段的扩增。当基因组 DNA 因突变导致限制性内切酶位点或引物识别位点发生改变，或两限制性位点间发生缺失时，将产生多态性 PCR 产物，最终通过电泳技术呈现指纹图谱。

AFLP 技术具有显著优势：①多态性检测能力优于 RAPD、SSR 等技术，尤其在遗传关系相近的材料中表现突出，是当前指纹图谱技术中多态性最为丰富的技术之一；② AFLP 对 DNA 样本的需求量极低，检测效率高，因其基于 PCR 扩增，仅需微量 DNA 即可完成分析；③ AFLP 技术的可靠性与稳定性较高，其扩增片段较短，分辨率高，且采用特异性引物扩增，假阳性率低；④ AFLP 引物由接头引物与识别酶切位点的特异引物组成，设计好的引物在不同物种间具有通用性，显著降低了实验成本。然而，AFLP 的操作流程较为复杂，对实验人员的专业技能要求较高。

AFLP 技术已被广泛应用于小麦、玉米、蔬菜及拟南芥等的育种研究中，其多态性检测能力显著优于 RAPD 等技术。此外，AFLP 技术在构建植物分子遗传连锁图谱、遗传多样性分析、物种资源鉴定及分子标记辅助育种等领域展现出不可替代的优势，为植物遗传学研究提供了强有力的技术支持。

（三）基于反转座子的分子标记技术

转座子是真核生物基因组的重要组成部分，根据 DNA 结构及转座机制，转座子可分为 DNA 转座子和反转录转座子两大类。DNA 转座子以 DNA 为中间体，通过切除/修复机制实现转座；反转录转座子以 RNA 为中间体，经反转录形成染色体外 DNA，随后整合至基因组中。

反转录转座子在植物基因组中具有广泛分布、高拷贝数及显著异质性等特征，在种内及种间均表现出显著的序列差异性与插入多态性。其通过产生新的插入位点，能够改变宿主基因组的大小与组成，并引发插入突变。基于反转录转座子的遗传特性，研究者开发了多种分子标记技术，如 SSAP（特异序列扩增多态性）、RIVP（反转录转座子中间序列变异多态性）、IRAP（反向反转录转座子扩增多态性）及 RBIP（基于反转录转座子的插入多态性）等。这些技术已在作物遗传多样性研究、遗传连锁图谱构建及功能基因定位等领域得到广泛应用。

随着基因组测序技术的快速发展，植物全基因组测序工作取得了显著进展。在此背景下，基于基因组特异序列的 RBIP 标记技术展现出更高的针对性，主要用于检测反转录转座子在特定位点的插入与缺失情况。RBIP 标记可分为两大类：第一类是标记的两端引物均设计在反转录转座子区域的侧翼 DNA 序列上，通过扩增结果判断反转录转座子的存在与否。第二类则是标记一端引物设计在 LTR 区域，另一端引物设计在侧翼序列上，其引物特异性较高，通过 PCR 扩增及电泳检测目的片段的存在与否，可确定反转录转座子的插入情况。第一类标记受限于反转录转座子的长度，通常超过 5 000 bp 不利于 PCR 扩增；而第二类标记则无此限制，因此在植物研究中得到广泛应用。

（四）SCAR 标记

SCAR（sequence characterized amplified region）标记技术是一种序列特异扩增标记技术，通过对 RAPD、AFLP 等标记片段进行凝胶回收、克隆及测序，基于所得序列设计特异性引物，进而对基因组 DNA 进行再扩增，最终获得能够反映目标性状的特异性 DNA 片段。这一转化过程使得 SCAR 标记成为一种高度特异且稳定的分子标记技术。

SCAR 标记通常表现为扩增片段的有无，属于显性标记；在某些情况下，其多态性则表现为片段长度的差异，此时为共显性标记。通过检测扩增产物的存在与否，可直接揭示待测 DNA 间的差异。SCAR 标记的检测通常采用琼脂糖凝胶电泳，具有操作简便、成本低廉、检测速度快等显著优势，尤其适用于大规模样品的快速鉴定与分析。相较于稳定性较差的 RAPD 标记，以及操作复杂、成本较高的 RFLP 和 AFLP 标记，SCAR 标记在分子标记辅助选择育种中展现出更高的实用价值。其高效性、可靠性和稳定性使其成为大规模个体检测的理想工具，实验结果具有良好的重现性和一致性。

（五）CAPS 标记

CAPS（cleaved amplified polymorphism sequences）标记技术，作为 PCR-RFLP 的一种衍生形式，是通过将 PCR 扩增与限制性酶切分析相结合，揭示 DNA 片段长度多态性的分子标记方法。该技术以其共显性、位点特异性、操作简便及成本低廉等优势，在植物基因分型、定位、克隆及分子鉴定，动物遗传多样性研究与品种鉴定，以及微生物连锁图谱构建与品种鉴定等领域具有广泛应用。其核心原理在于利用基于 EST 或已知基因序列设计的特异性引物，对目标 DNA 片段进行 PCR 扩增，随后采用特定限制性内切酶对扩增产物进行酶切，通过凝胶电泳分离酶切片段，并结合染色技术进行 RFLP 分析，从而揭示特定 PCR 片段的限制性长度变异信息。相较于传统 RFLP 技术，CAPS 标记不需要膜转印步骤，同时保持了 RFLP

的高精确度，且由于多种限制性内切酶均可用于扩增 DNA 的酶切，显著提高了多态性检测的概率。

CAPS 标记的技术特征主要体现在以下几个方面：一是引物与限制性内切酶的组合多样性极大增强了多态性揭示的可能性，且操作流程简便，可通过琼脂糖电泳完成分析；二是在真核生物中，CAPS 标记呈现共显性特征，能够有效区分纯合基因型与杂合基因型；三是对 DNA 样本的需求量极低，且对 DNA 浓度无严格要求；四是扩增结果稳定性较高，同时避免了传统 RFLP 技术中复杂的膜转印步骤，确保了分析精度；五是具有操作简便、快速及自动化程度高的特点，显著提升了实验效率。

CAPS 标记也存在一定的局限性：一是必须依赖于限制性内切酶，筛选合适的酶组合工作量大；二是突变可能导致限制性内切酶识别位点的增加或消失，从而在一定程度上限制了其应用范围。针对这些不足，研究者们进行了多项优化与改进工作。例如，通过在限制性内切酶识别位点内引入 SNP 开发了 dCAPS；利用生物信息学手段分析突变位点（SNP）的序列信息，构建 gspCAPS（genome sequnced pool CAPS）方法，有效减少了内切酶种类优化的工作量，显著降低了标记开发成本与时间；基于 EST 序列，建立 EST-derived CAPS，可对具有基因功能的 EST 片段进行深入分析；构建多重 PCR-CAPS 标记识别体系，提升基因检测效率；此外，将 CAPS 与 SSCP、AFLP、SCAR 及 EST 等 DNA 分子标记技术结合使用，可进一步提升遗传图谱的精度与多态性水平。

（六）STS 标记

STS（sequence-tagged site）标记技术是一种基于基因组特定单拷贝序列的分子标记方法。其核心特征在于，这些序列长度通常为 200~500 bp，且核苷酸排列顺序明确。通过聚合酶链式反应（PCR）技术，能够实现对目标序列的特异性扩增。STS 标记的构建原理依赖于单拷贝 RFLP 探针或微卫星序列两端的已知序列，设计特异性引物进行 PCR 扩增，随后通过电泳技术分析扩增产物的多态性。该技术的显著优势在于其标记来源广泛、数量丰富，且具有共显性遗传特性，操作流程简便，检测效率较高。然而，STS 标记的多态性通常低于 RFLP 标记，主要原因在于 STS 仅能检测引物结合区域的片段差异或酶切位点的变化，因而其信息量相对有限。尽管如此，STS 标记在基因组作图、基因定位及分子遗传学研究领域仍具有重要应用价值。

（七）ISSR 标记

ISSR（inter simple sequence repeat）技术是一种基于微卫星 DNA 序列的分子标记方法，旨在解决传统 SSR 技术在引物设计上的局限性。由于 SSR 技术依赖于对目标 DNA 片段两端特异序列的精确了解，而在实际应用中，目标序列或其侧翼序列往往未知，且 SSR 引物具有物种特异性，设计难度较高。ISSR 技术通过引入锚定引物，有效规避了这一难题。

SSR 序列在真核生物基因组中广泛分布，且其进化变异速率较快，这使得 ISSR 技术能够检测到多个位点的遗传差异。与 SSR 技术不同，ISSR 引物的设计不需要预先了解目标 DNA 的测序信息，尽管部分引物可能因无法匹配特定基因组 DNA 而无法产生扩增产物。此外，ISSR 技术具有 DNA 用量少、技术要求低、成本低廉等优势。基因组中的重复序列可根据其含量分为轻度、中度和高度重复序列，或根据其分布特征分为散在重复序列和串联重复序列。微卫星 SSR 属于高度串联重复序列，其重复基序长度仅为 2~6 bp，SSR 序列在真核生物基因组中广泛分布，且其进化变异速率较快，这使得 ISSR 技术能够检测到多个位点的遗传差异。同时，ISSR 技术相较于 RAPD 技术具有更高的稳定性和实验重复性。

ISSR 标记技术的主要特点：①实验成本低廉，操作简便且稳定性高，不需要构建基因组文库，开发费用较低；② ISSR 标记技术适用于任何富含 SSR 重复单元且 SSR 广泛分布的物种，能够同时提供多位点信息，并揭示不同卫星座位间的个体变异，具有跨物种通用性；③ ISSR 标记具有较高的遗传多态性和良好的重复性；④ ISSR 标记为显性标记，符合孟德尔遗传规律；⑤ ISSR 标记技术不需要预先了解靶序列的 SSR 背景信息。目前，ISSR 技术已广泛应用于作物种质资源鉴定、遗传连锁图谱构建、基因定位以及植物遗传多样性分析等领域，为基因组学研究提供了重要工具。

（八）SSR 标记

SSR（simple sequence repeat）标记，也称微卫星重复序列，是一种由 1~6 个核苷酸为基本重复单元构成的串联重复序列。在真核生物基因组中，结构基因仅占 10%~20%，其余部分主要由重复序列构成。根据重复序列的长度、拷贝数及其在基因组中的分布特征，串联重复序列可进一步划分为卫星 DNA（重复序列单位长度 100~300 bp）、小卫星 DNA（长度 10~60 bp）、微卫星 DNA（长度 2~6 bp）以及中卫星 DNA。SSR 标记通常长度为100~200 bp，其重复单元在基因组中呈现随机、均匀且广泛的分布特征。由于重复次数的差异，SSR序列表现出长度多态性（SSLP）。尽管SSR的重复单元大小、序列及拷贝数具有高度多态性，但其两端序列通常较为保守且特异，因此可通过设计特异性引物，利用PCR技术扩增微卫星DNA序列，并通过聚丙烯酰胺或琼脂糖凝胶电泳技术检测其长度多态性，从而实现SSR标记的获取。

SSR具有以下显著特征：①SSR标记数量丰富，能够覆盖整个基因组，且分布相对均匀；②SSR序列两端的基因序列在同一物种的不同基因型间高度保守，确保了标记的稳定性；③基于PCR技术的SSR标记对DNA需求量极低，适用于微量样本分析；④SSR标记呈现共显性遗传特征，符合孟德尔遗传规律，适用于杂合子与纯合子的鉴定。不同物种的SSR序列在长度、组成、重复次数、突变率及染色体分布上表现出高度多态性，反映了显著的等位基因多样性。目前，SSR分子标记技术已在植物育种、指纹数据库构建、品种鉴定及种子纯度检测等领域得到广泛应用，为遗传学研究及育种实践提供了强有力的技术支持。

四、基于芯片的DNA标记

单核苷酸多态性（single nucleotide polymorphism，SNP）是指在基因组特定位点上，不同等位基因之间仅存在单个核苷酸的差异，或涉及微小插入或缺失的遗传变异。作为继限制性片段长度多态性（RFLP）和微卫星标记之后的第三代分子标记技术，SNP在基因组研究中占据重要地位。其多态性主要表现为单个碱基的转换、颠换、插入或缺失。其中，转换是指嘌呤与嘌呤或嘧啶与嘧啶之间的替换，如C与T或G与A的互换；颠换则涉及嘌呤与嘧啶之间的替换，如C与A、G与T等。研究表明，转换的发生频率显著高于其他变异类型，约占SNP总数的2/3，一现象可能与CpG二核苷酸中甲基化胞嘧啶的自发脱氨基作用有关。在人类基因组中，SNP分布极为广泛，平均每1 000核苷酸即存在一个SNP，总数超过300万个。

根据其在基因组中的位置，SNP可分为编码区SNP（cSNP）、基因周边SNP（pSNP）和内含子区SNP（iSNP）。其中，cSNP根据对蛋白质功能的影响进一步分为同义cSNP和非同义cSNP。同义cSNP不改变编码的氨基酸序列，而非同义cSNP则导致氨基酸序列的改变，进而可能影响蛋白质的功能。这种分类对于理解SNP在遗传性状和疾病易感性中的作用具有重要意义。

从研究方法的角度，基因组 DNA 多态性的检测最直接有效的方式是对特定区域的核苷酸序列进行全测序，并与参考基因组进行比对，从而识别单个核苷酸的差异。这种基于单个核苷酸差异的 DNA 多态性区域可作为 SNP 标记。尽管单一 SNP 的信息量相对有限，但其在基因组中的高密度分布以及检测的自动化优势，使其成为当前最广泛应用的分子标记技术之一。SNP 标记在遗传图谱构建、疾病关联研究、群体遗传学分析等领域发挥着不可替代的作用，为基因组学研究提供了重要的技术支撑。

第二节 分子标记技术的理论基础

一、玉米分子标记的开发

（一）玉米 SSR 标记的开发

玉米 SSR 标记的开发在分子遗传学研究中具有重要意义，其多态性高、共显性及在基因组中分布均匀等特性使其成为理想的分子标记工具。然而，SSR 标记的开发过程复杂且耗时，核心在于两侧翼特异引物的设计，这需要精确掌握 SSR 位点两侧的核苷酸序列信息。目前，主要采用基因组文库筛选法或 EST-SSR 法进行 SSR 标记的开发。

1. 筛选基因组文库法

基因组文库筛选法首先通过构建基因组 DNA 文库，利用可能的 SSR 重复序列作为探针，筛选并鉴定含有微卫星 DNA 的克隆。随后，对筛选出的阳性克隆进行测序，获取其两侧翼序列，并据此设计特异引物。最后，通过 PCR 技术检测引物的扩增效果，验证其有效性。该方法虽然步骤复杂，但能够直接获取基因组中的 SSR 位点信息，具有较高的准确性。

2. EST-SSR 法

表达序列标签（expressed sequence tags，EST）是从不同组织文库中随机挑选的克隆经测序获得的部分 cDNA 序列，通常长度为 150～500 bp。随着测序技术的进步，NCBI 数据库中已积累了超过 120 万条玉米 EST 序列。据统计，约 8% 的 EST 序列含有 1～6 个核苷酸重复的 SSR 基序，这些序列为 SSR 标记的开发提供了丰富的资源。与传统的基因组 SSR 相比，EST-SSR 不仅保留了 SSR 标记的基本特性，还具有信息量大、通用性强、开发周期短、成本低等显著优势。此外，EST-SSR 的开发过程更为简便，能够快速获取大量有效的 SSR 标记，适用于大规模分子标记筛选和遗传图谱构建。

（二）玉米 SNP 标记的开发

1. 比较测序法

比较测序法是一种专为低通量 SNP 标记开发设计的分子生物学技术。该方法的核心在于利用特异性引物，从具有遗传多样性的种质资源中扩增目标位点，随后对扩增产物进行测序分析。通过序列比对软件，研究人员能够精确识别不同种质在目标位点上的单核苷酸多态性（SNP）。得益于 Sanger 测序技术的高精确度，比较测序法的错误率通常控制在 5% 以下，使其成为 SNP 标记鉴定的可靠手段。然而，该方法依赖于 PCR 扩增过程，因此仅适用于特定靶位点的 SNP 开发，无法实现全基因组范围内的 SNP 标记覆盖。这一局限性使其在应用范围上受到一定限制，尤其在大规模基因组研究中，其效率与通量均无法满足需求。

2. 应用 Eco-TILLING 开发 SNP 标记

定向诱导基因组局部突变技术（targeting induced local lesions in genomes，TILLING）是一种高通量检测技术，旨在通过化学诱变剂（如 EMS）诱导的突变群体中快速鉴定点突变技术。Eco-TILLING 是 TILLING 技术在自然群体中的应用，旨在检测自然群体中的 DNA 变异。Eco-TILLING 通过从不同生态型或品种中提取基因组 DNA，并与参照 DNA 等量混合，利用荧光标记的基因特异性引物进行扩增。扩增产物经变性退火后，使用 CEL I 切割。CEL I 酶切割错配碱基对或插入/删除形成的 Loop 结构。若两种生态型在扩增片段内存在多态性，CEL I 酶可识别并切割这些位点。随后，通过变性电泳分析荧光标记的片段大小，即可确定变异位置。双荧光标记引物可进一步验证结果的准确性。

Eco-TILLING 技术具有高效、经济的特点，能够快速检测大规模群体中的基因多态性。通过 CEL I 酶切位点信息，可轻松鉴定基因多态性和单倍型，从而将群体中的个体按单倍型分组，并选择代表性基因型进行测序。相较于全基因组测序，Eco-TILLING 显著减少了测序样本数量，仅需对每种单倍型组中的一两个样本进行测序，即可代表特定 DNA 位点的多态性。该技术尤其适用于单倍型数量远少于样本数的大规模群体。在自花授粉物种中，Eco-TILLING 检测到的基因多态性多呈纯合状态；而在异花授粉物种中，多态性则表现为高度杂合状态，这不仅有助于评估基因变异程度，还可计算杂合度。自 1970 年玉米小斑病在美国大流行以来，作物遗传多样性问题备受关注，成为种质资源研究的核心内容。Eco-TILLING 技术在玉米种质资源的 SNP 检测、遗传多样性保护、优异等位基因发掘及功能标记开发方面展现出显著优势，为作物遗传改良提供了有力工具。

3. EST-SNP

基于表达序列标签（EST）的单核苷酸多态性（SNP）挖掘已成为一种高效且经济的基因组变异研究方法。EST 序列的冗余性为 SNP 的识别提供了基础，尤其是在玉米等作物的核酸序列数据库中，大量 EST 序列的存在使得通过序列比对能够快速识别潜在的 SNP 位点。EST 序列的生成过程涉及 mRNA 的反转录和 cDNA 文库的构建，随后通过随机测序获得 150～500 bp 的基因表达片段。这些片段的多序列比对能够揭示序列的多态性，进而识别出 EST-SNP。NCBI 的 UniGene 数据库为 EST 基因簇信息的获取提供了重要支持，这些信息是 SNP 开发的关键数据来源。

在 SNP 挖掘过程中，除了常规的序列比对工具，SNPServer 等专业软件也发挥了重要作用。这些软件通过特定的算法能够有效区分测序误差与真实的 SNP 变异，从而提升从公共 EST 数据库中开发 SNP 标记的准确性。尽管不同软件在具体实现上有所差异，但其核心思想均围绕同源序列的聚类与比对展开。

AutoSNP 是一款基于 Perl 语言的脚本软件，包含两个主要应用程序，分别用于同源序列的聚类与比对。该软件通过单体型共分离和序列冗余度来识别 SNP 位点，其筛选标准包括冗余度超过 2、参与组装的序列超过 4 条以及共分离权重超过 50%。Batley 等（2003）利用 AutoSNP 在 102 551 条玉米 EST 序列中识别出 14 832 个候选 SNP 位点，并通过实验验证了其中 264 个位点的准确性。此外，AutoSNP 的核心程序可与其他软件结合，进一步提升 SNP 挖掘的效率。

QualitySNP 是一款基于 C 语言的程序，与 AutoSNP 相比，其预测的候选 SNP 数量虽较少，但准确率显著提升。Tang 等（2006）的研究表明，QualitySNP 的运行速度更快，且在处理无测序峰图的 EST 序列时表现出色。然而，尽管其准确率优于 AutoSNP，但仍存在 35% 的假阳性率，表明仍需进一步优化。

SNPpipeline 是一套半自动化的软件程序包，包含 PHRED、PHRAP 和

DEMIGIACE 3 个模块。PHRED 负责基因组序列的分析与筛选，PHRAP 进行多态性位点的排列，而 DEMIGIACE 则用于错误信息的筛选与 SNP 的确认。

Polybayes 是一款在 UNIX 环境下开发的 SNP 检测软件，其灵敏度受 SNP 等位基因频率、序列准确度、EST 序列长度及 PsNP 最小值等因素影响。在理想条件下，其检测灵敏度可达 100%。

在基于 EST 序列的 SNP 开发过程中，序列的组装与比对是关键步骤。Tang 等（2006）开发的 QualitySNP 软件通过生物信息学方法有效排除了测序错误、横向同源序列和部分同源序列的干扰。首先对下载的序列进行聚类，随后在簇中定义单倍型，最终通过单倍型的区分确定候选 SNP 位点。该方法显著提升了 SNP 识别的准确性与可靠性。

4. 基因组重测序发掘

基因组重测序技术作为现代遗传学研究的重要工具，其核心在于通过高通量测序手段对已知参考基因组的物种进行个体或群体水平的深度测序分析。随着下一代测序技术（NGS）成本的持续降低，该技术已广泛应用于物种内个体间遗传变异的系统性研究及大规模单核苷酸多态性（SNP）标记的开发。基因组重测序不仅能够揭示个体间的遗传差异，还可通过生物信息学分析手段，在全基因组范围内精准识别多种类型的遗传变异，包括单核苷酸多态性（SNP）、拷贝数变异（CNV）、插入缺失（InDel）以及结构变异（SV）等。这些变异信息的获取，为从单一参考基因组信息扩展至群体遗传特征的研究提供了高效且可靠的技术支持。

基因组重测序通过将群体中不同个体的测序数据与同物种的参考基因组进行比对，能够系统性地鉴定出全基因组范围内的 SNP 标记。然而，值得注意的是，通过高通量测序和生物信息学分析初步鉴定的 SNP，在未经实验验证前，仅能被视为电子 SNP（eSNP）。其中，部分 eSNP 可能源于测序过程中未能完全剔除的技术误差，即伪 SNP（negative SNP）。为确保重测序所发掘的 eSNP 能够作为有效的分子标记应用于连锁图谱构建、基因定位及关联分析等研究领域，必须通过严格的实验验证流程对其进行确认。这一验证过程不仅能够提高 SNP 标记的可靠性，也为后续的遗传学研究奠定坚实的基础。

5. 基于外显子组分析的 SNP 开发策略

外显子测序是一种基于序列捕获技术的基因组分析方法，通过特异性富集全基因组外显子区域 DNA 并进行高通量测序，从而实现编码序列的精准解析。相较于全基因组重测序，该方法在成本效益方面具有显著优势，尤其适用于已知基因的单核苷酸多态性（SNP）和插入缺失（InDel）等变异的研究。外显子测序与转录组测序虽均聚焦于基因组的转录区域，但其适用范围和分析维度存在显著差异。外显子测序仅适用于已具备基因组参考序列的物种，而转录组测序则不受此限制，可广泛应用于已知或未知基因组信息的物种。

从目标区域来看，外显子测序局限于基因组中已知的编码区，而转录组测序不仅涵盖编码区，还可检测非编码 RNA 等转录组信息。在分析手段上，外显子测序依赖于测序结果与基因组的比对，以识别序列差异；转录组测序则具备更高的灵活性，既可通过基因组比对，也可采用从头拼接策略。就结果而言，外显子测序主要提供序列变异信息，而转录组测序不仅能揭示已知序列的变异，还可发现新转录本，并生成表达谱数据。此外，转录组测序能够分析 mRNA 的可变剪接，而外显子测序因样本来源于基因组 DNA，无法检测此类现象，仅能反映外显子区域的序列变化。

尽管外显子测序在功能上具有显著优势，但其局限性亦不容忽视。一是位于染色体末端重复区域的外显子难以被有效捕获和检测。二是线粒体基因组中的突变无法通过该方法识别。三是涉及 DNA 结构变异的易位或倒位现象，因其不改变碱基序列，同样无法被检测。四是 miRNA 基因中的突变虽可能影响多个靶基因的表达，但由于其多位于内含子区域，外显子测序难以覆盖此类变异。这些局限性在一定程度上限制了外显子测序的应用范围，需结合其他技术手段以弥补其不足。

（三）玉米分子标记数据库

单核苷酸多态性（SNP）数据库的构建与应用已成为不可或缺的资源。多个权威数据库为植物 SNP 研究提供了系统化的数据支持。其中，美国国家生物技术信息中心（NCBI）旗下的 GenBank dbSNP 数据库，收录了包括玉米、水稻、拟南芥、甘蔗等 29 个物种的 SNP 变异信息，其数据规模与物种覆盖范围在业界具有显著优势。此外，Plant Markers 数据库作为专注于植物分子标记的研究平台，不仅整合了基于表达序列标签（EST）的 SNP 数据，还涵盖了 SSR 等分子标记信息，为多物种比较研究提供了重要参考。在禾本科作物研究领域，Cerealsdb 数据库以其专业化的数据整合能力而备受关注，该数据库聚焦于玉米、小麦、水稻等主要粮食作物的 SNP

信息，其数据来源同样基于 EST 测序结果。这些数据库的建立与完善，不仅为植物遗传多样性分析、分子标记辅助育种等研究提供了基础数据支撑，同时也推动了植物基因组学研究方法的创新与发展。随着测序技术的进步与生物信息学分析方法的优化，未来植物 SNP 数据库将朝着更高精度、更广覆盖、更深层次的方向持续演进。

二、玉米分子标记的检测技术

（一）SSR 标记的检测技术

SSR 标记技术已成为重要的分子生物学工具。现有文献表明，已公开发表的玉米 SSR 引物数量超过 2 000 对，这为 SSR 标记技术的深入研究和应用提供了坚实的物质基础。从技术原理层面分析，SSR 标记技术主要依赖于特定 SSR 位点的 PCR 扩增反应，而多重 SSR 检测技术则是在此基础上的重要突破。该技术通过在同一 PCR 反应体系中引入多对特异性引物，实现了对同一 DNA 模板中多个 SSR 位点的同步扩增与检测。值得注意的是，当该技术与多色荧光标记技术相结合时，可在单一反应体系中同时检测多达 15 个 SSR 位点，显著提升了检测效率。

在 SSR 标记检测方法的选择上，研究者可根据实验需求采用不同的技术方案。琼脂糖凝胶电泳检测作为基础方法，在 4% 常规琼脂糖水平下即可有效分离并显示多数 SSR 标记的多态性。对于分辨率要求较高的实验，可采用 MetaPhor 琼脂糖替代常规琼脂糖。这种中熔点琼脂糖具有显著提升凝胶分辨能力的特性，研究表明，2%～4% 的 MetaPhor 琼脂糖凝胶与 4%～8% 聚丙烯酰胺凝胶的分辨率相当，特别适用于三核苷酸或四核苷酸重复序列的精确分辨。

在高端检测技术方面，SSR 荧光标记结合全自动基因分析技术展现出显著优势。该技术采用 FAM、VIC 和 HEX 等不同荧光染料标记 SSR 引物，并通过 ABI3730 DNA Analyzer 等全自动基因分析仪进行检测。具体而言，毛细管电泳技术可有效分离不同荧光标记的 SSR 位点扩增产物，每个泳道均加入标准分子量样本作为内标。电泳完成后，借助 Genescan、GeneMapper 或 Genotyper 等专业软件进行图像和数据分析。软件系统依据预设参数（包括片段大小范围与内标信息等）自动生成目的峰数值，从而准确判定检测样本的杂合或纯合状态。这种技术方案不仅提高了检测精度，还实现了高通量分析，为大规模遗传分析提供了可靠的技术支持。

（二）SNP 的检测方法

1. CAPS 和 dCAPS

CAPS 是一种基于特异性引物 PCR 与限制性内切酶酶切相结合的 DNA 分子标记技术。该技术通过设计特异性引物对群体中不同个体的同一位点进行 PCR 扩增，若个体间在扩增区域内存在由单核苷酸多态性（SNP）引起的限制性内切酶识别位点的差异，则可通过相应的限制性内切酶对 PCR 产物进行消化，并结合电泳分离技术检测该 SNP。因此，CAPS 技术也被称为 PCR-RFLP。

当目标 SNP 未改变任何已知限制性内切酶的识别位点时，CAPS 技术无法直接应用于其检测。为解决这一问题，可在引物设计阶段引入错配碱基，人为构建包含该 SNP 的限制性内切酶识别位点，随后通过限制性内切酶消化及电泳分离技术实现 SNP 的检测。这一改进方法被称为 dCAPS，其核心在于通过引物设计策略克服传统 CAPS 技术的局限性，从而扩展其在 SNP 检测中的应用范围。CAPS 与 dCAPS 技术均依赖于限制性内切酶的特异性识别与切割能力，但其应用场景与设计策略存在显著差异，前者适用于天然存在的限制性内切酶识别位点，后者则通过人工设计实现目标 SNP 的检测。这两种技术在分子遗传学研究中具有重要价值，尤其在基因型鉴定、遗传图谱构建及分子标记辅助选择等领域发挥着关键作用。

2. 单链构象多态性

单链构象多态性（SSCP）是一种基于单链 DNA 在非变性条件下形成特定折叠结构的分子检测技术，其构象由核苷酸序列决定，因而单核苷酸多态性（SNP）可引发构象变化。该技术通过检测 DNA 单链在电泳中的迁移率差异，能够高效识别单个碱基的变异，其突变检出率在不同实验系统中可达到 70%～90%。SSCP 的检测灵敏度主要取决于 SNP 对 DNA 折叠构象的影响程度，以及这种构象变化如何改变目标序列的电泳行为。研究表明，对于长度小于 300 bp 的 DNA 片段，SSCP 技术能够检测出其中 90% 的单碱基突变。

需要注意的是，SSCP 技术仅适用于突变的初步筛查，其无法精确确定突变的具体位置和类型，需结合测序技术进行最终验证。此外，由于 SSCP 依赖于点突变对单链 DNA 立体构象的改变，某些位点的突变可能对构象影响微弱或无明显作用，加之实验条件的限制，可能导致聚丙烯酰胺凝胶电泳无法有效区分，从而造成漏检现象。因此，在实际应用中，需结合其他分子生物学技术以提高检测的准确性和可靠性。

3. 高分辨熔解曲线分析

DNA 片段的熔解温度（T_m 值）是衡量其双螺旋结构在热变性过程中解链行为的关键参数，定义为双链 DNA 解离为单链时所需温度的中间值。T_m 值受多种因素影响，包括 DNA 链的长度、碱基组成以及序列特异性。近年来，高分辨熔解曲线分析（HRM）是一种新兴技术，凭借其高效性和精确性，在基因分型、突变检测等领域展现出显著优势。该技术通过对 PCR 扩增产物的熔解曲线进行高精度分析，能够识别微小的序列差异，从而实现对基因变异的精准检测。

HRM 技术的普及得益于其快速、简便的特点。以 LightCycler 定量 PCR 仪为例，其采用毛细管技术将样品量缩减至纳克级，同时将熔解速率提升至 0.1~1.0℃/s，使熔解时间缩短至几分钟，显著提高了实验效率。然而，早期 HRM 技术依赖于 SYBR®Green I 染料，其非饱和特性限制了检测分辨率。由于 SYBR®Green I 在低浓度下使用时，无法完全饱和 DNA 双螺旋结构中的小沟，导致在高温变性过程中荧光染料分子发生重排，从而影响荧光信号的稳定性，降低了检测的特异性。这一局限性使得该技术难以区分单核苷酸多态性等细微序列差异。

为克服上述问题，饱和染料的应用成为关键。饱和染料如 LC Green、LC Green Plus、Eva Green，能够在高浓度下完全饱和 DNA 双螺旋结构中的小沟，且在 PCR 过程中不会产生抑制作用。这种特性确保了在 DNA 解链过程中荧光染料的稳定性，从而显著提高了熔解曲线的分辨率。HRM 技术的核心原理在于利用 DNA 序列的长度、GC 含量以及碱基互补性差异，通过高分辨率的熔解曲线分析实现对样品的精确区分。其极高的温度均一性和分辨率使其能够识别单个碱基的差异，从而有效区分野生型、杂合型和突变型序列。

以二倍体细胞为例，纯合子样品在 PCR 扩增后，经变性和复性过程仍保持纯合状态。而杂合子样品在扩增后，由于非配对碱基的形成，其双链结构相对不稳定，导致解链温度（T_m 值）与纯合子样品存在微小差异。通过高分辨率仪器和专用软件的分析，这种差异可被精确检测，从而实现纯合子与杂合子的有效区分。HRM 分析过程通常包括对 PCR 扩增子进行逐步加热，温度范围从 50℃升至 95℃。在此过程中，扩增子逐渐解链，荧光强度随双链 DNA 的减少而下降。HRM 仪器通过记录荧光变化生成熔解曲线，为后续分析提供数据支持。

与传统突变分析方法相比，HRM 技术具有显著优势。其操作步骤简化，实验时间和成本大幅降低。此外，样品在 PCR 扩增后可直接进行 HRM 分析，不需要转移，实现了闭管操作，有效降低了污染风险。HRM 技术不仅适用于未知突变的筛查，还可用于已知突变的快速分析，为基因研究和临床诊断提供了高效、可靠的工具。

4. 焦磷酸测序技术

焦磷酸测序技术是一种基于酶级联化学发光反应的高效 DNA 测序方法，其核心机制依赖于 DNA 聚合酶、ATP 硫酸化酶、荧光素酶和三磷酸腺苷双磷酸酶的协同作用。该技术的反应体系由反应底物、待测单链 DNA、测序引物及上述 4 种酶组成，其中反应底物为 5′- 磷酰硫酸和荧光素。在测序过程中，每次仅引入一种脱氧核苷三磷酸（dNTP），若其与模板链配对，DNA 聚合酶将其整合至引物链，同时释放等摩尔数的焦磷酸基团（PPi）。随后，ATP 硫酸化酶催化 PPi 与 5′- 磷酰硫酸反应生成 ATP，荧光素酶进一步催化 ATP 与荧光素结合，生成氧化荧光素并释放可见光。光信号通过 Pyrogram 系统转化为峰值，其高度与掺入的核苷酸数量呈正相关。通过循环引入不同 dNTP，逐步完成 DNA 链的合成，最终根据峰值图谱解析 DNA 序列信息。该技术不需要电泳分离或荧光标记，操作流程简洁，具备高通量、低成本、快速及直观等显著优势。相较于传统的 Sanger 测序法，焦磷酸测序技术在单核苷酸多态性（SNP）分析领域展现出独特的应用价值。

焦磷酸测序技术的核心优势体现在以下几个方面：一是不需要凝胶制备、毛细管分离或荧光染料标记，显著简化了实验流程；二是具备高效性，可在 10 min 内完成 96 个样品的 SNP 分析，适用于中低通量研究需求；三是实验设计灵活，每个样品孔均可独立进行测序或 SNP 分析，便于多样本并行处理。四是序列分析过程简洁，结果具有高度的准确性和可靠性。

5. 竞争性等位基因特异性 PCR

竞争性等位基因特异性 PCR（KASP）技术由英国政府化学家实验室 LGC 的基因组学部门研发，现已成为全球范围内单核苷酸多态性（SNP）分析的重要技术手段之一。该技术的核心原理依赖于引物末端碱基的特异性匹配，实现对 SNP 及插入 / 缺失（InDels）的高效检测。KASP 方法通过使用两种通用荧光探针、两种通用淬灭探针以及多位点特异性探针，能够同时检测多个 SNP 位点。其显著优势在于：一是仅需合成两种通用荧光探针和两种通用淬灭探针，结合多位点特异性 PCR 引物，即可实现大规模位点检测。二是相较于 TaqMan 方法，KASP 通过采用通用荧光探针替代位点特异性荧光探针，显著降低了实验成本，尤其在荧光探针和淬灭探针价格较高的背景下，这一优势尤为突出。

在荧光探针的设计中，F 探针与等位基因 1 的标签序列完全匹配，其 5′ 端标记有 FAM 荧光基团；H 探针则与等位基因 2 的标签序列一致，其 5′ 端标记有 HEX 荧光基团。针对 F 探针和 H 探针，分别设计 3′ 端带有淬灭基团的淬灭探针。在第一轮 PCR 反应中，模板 DNA 与末端碱基互补的 PCR 引物退火并扩增，完成 SNP 的初步识别。第二轮 PCR 则引入通用标签序列，生成带有标签序列的 PCR 产物。在后续多轮扩增过程中，淬灭探针被逐步切割，荧光探针则更多地与新合成的、无淬灭基团的互补链结合，从而释放荧光信号。通过荧光检测，可准确判定 SNP 位点的碱基类型。

基于 KASP 技术，LGC 的基因组学部门开发了一套高效、低成本、灵活且快速的基因分型检测方案，即 LGC SNP line^{TM} 系统。该系统具备极高的通量，每日可检测的 SNP 数量范围为 20~500 000 个，样本数量可从单个扩展至数万个，展现出极强的适应性。实验流程涵盖多个自动化环节：①进行高通量自动核酸提取；②自动化完成基因组 DNA 分液及 PCR 体系构建；③使用全自动封口仪进行样本封装；④采用适用于 96、384、1 536 孔板的水浴 PCR 仪进行扩增；⑤通过孔板荧光分析仪完成检测。

6. TaqMan 探针

在 SNP 位点检测过程中，引物与探针的设计需严格遵循目标序列特征。TaqMan 探针 PCR 反应体系由一对特异性引物及一对双标记探针构成，探针分别采用 Fam 与 Hex(Vic) 荧光染料进行标记。从分子结构层面分析，TaqMan 探针包含荧光报告基团（R 基团）与荧光淬灭基团（Q 基团）两个关键功能元件。在探针完整状态下，R 基团与 Q 基团的空间距离极近，R 基团发射的荧光处于 Q 基团的吸收光谱范围内，因此荧光信号被有效淬灭。当 PCR 反应进行至探针与模板 DNA 特异性结合阶段，上游引物在 5′ 端延伸过程中到达探针结合位点，此时 DNA 聚合酶的 5′-3′ 外切酶活性发挥作用，将探针逐步降解。这一过程导致 R 基团从探针分子上解离，使其与 Q 基团的空间距离显著增大，从而解除荧光淬灭效应，产生可检测的荧光信号。最终，通过终点荧光检测系统对信号强度进行定量分析，即可准确判定目标SNP位点的存在与否。

7. SNP芯片

基因芯片技术的起源可追溯至20世纪80年代中期，其核心原理在于将大量探针分子固定于固相支持物表面，通过与标记的样品分子进行特异性杂交，进而通过检测杂交信号的强度来获取样品的序列及数量信息。该技术的实现依赖于微阵列技术，即通过高速机器人或原位合成方式将高密度DNA片段阵列有序排列于玻璃片等固相载体上，并利用荧光标记的DNA探针基于碱基互补配对原则进行高通量检测，包括单核苷酸多态性（SNP）分析、基因表达水平监测以及杂交测序（SBH）等。基因芯片技术的发展得益于探针固相原位合成技术、激光共聚焦显微技术的协同应用，这些技术的结合使得高密度探针分子的合成与固定成为可能，并实现了杂交信号的实时、灵敏及精准检测，因而该技术也被称为DNA微阵列。

基因芯片技术主要包括芯片方阵构建、样品制备、生物分子杂交反应和信号检测4个基本要点。芯片方阵的构建主要采用寡核苷酸探针的原位合成法与合成点样法两种方法。这两种方法能够将寡核苷酸或短肽固定于经过特殊处理的固相载体上，如玻璃片、硅片、聚丙烯膜、硝酸纤维素膜及尼龙膜等。待测样品经荧光或其他方法标记后，作为靶分子与芯片上的探针阵列进行杂交。由于芯片阵列中每个位置的核苷酸序列已知，通过对微阵列各点位的信号检测，即可实现对样品遗传信息的定性与定量分析。该技术的主要优势在于其大规模高通量、高度并行性、高灵敏度、高自动化程度以及快速高效的特点。

在芯片方阵构建环节，通常以玻璃片或硅片为载体，采用原位合成或微矩阵技术将寡核苷酸片段或cDNA探针按特定顺序排列于载体表面。这一过程不仅涉及微加工工艺，还需借助机器人技术以确保探针的快速、精准定位。样品制备阶段，由于生物样品通常为复杂的生物大分子且量少，需对其进行标记以增强检测灵敏度并确保操作安全性。生物分子杂交反应则涉及荧光标记样品与芯片探针的特异性结合，优化反应条件可显著降低错配率。信号检测与结果分析环节，通过芯片扫描仪及相关软件对杂交反应后的荧光信号进行图像分析，将荧光强度转化为数据，从而获取所需的生物信息。

点样法芯片的片段长度不受限制，实验操作灵活且可根据需求调整通量与点样格式，但需预先制备大量核酸或多肽片段，且点样器在控制样品点大小与间距方面存在一定局限性。

Affymetrix 芯片技术是原位合成法在生物芯片领域的典型应用，其核心在于将光刻技术从电子芯片制造领域移植至核酸序列合成领域。该技术通过光引导聚合与固相合成相结合，在基片表面直接合成寡核苷酸探针，Affymetrix 公司已实现每 1.6 cm² 芯片表面集成 40 万个寡核苷酸探针的规模化生产能力。

在系统集成方面，Affymetrix 公司开发的 GeneTitan 全自动芯片工作站系统实现了实验流程的高度自动化。该系统采用与 384 孔板兼容的芯片板设计，每个芯片占据一个孔位，显著提高了样本通量。GeneTitan 系统将杂交炉、流体工作站和 CCD 扫描成像设备整合为单一平台，实现了从杂交到扫描的全流程自动化操作，极大地提升了实验效率并降低了检测成本。在数据分析环节，Affymetrix 公司将芯片数据分析软件与 Microsoft Windows 图形用户界面无缝集成，配合自动化命令工具，可高效完成基因型分析任务。

Illumina 公司的 SNP 基因分型平台采用微珠芯片技术（BeadArray），该技术具备高可靠性与精确性，适用于全基因组或特定 SNP 位点的分析。微珠芯片技术分为 Infinium 与 GoldenGate 两大系列，均支持预制、半定制及全定制芯片的开发。Infinium 技术适用于中高通量（6 000 至数百万位点）的全基因组分型，而 GoldenGate 技术则更适合中低通量（96～3 072 位点）的基因分型需求。

Illumina 全基因组微珠芯片采用 3.1 μm 的无孔、无荧光硅珠作为载体，每个微珠均设有独立的质控机制。每个微珠表面连接约 100 万条相同的探针，探针由 5′端 23 mer 地址序列与 3′端 50 mer 位点特异性序列组成，地址序列用于对微珠类型进行编码。微珠与探针的合成过程严格遵循质量控制标准，确保探针全长序列的完整性。合成完成后，数万种不同类型的微珠混合形成微珠池，并通过蚀刻光纤进行无序组装，每根光纤承载一个微珠，每种微珠重复约 30 次，以消除系统随机误差，确保实验结果的重复性与可靠性。微珠芯片的解码过程依赖于与地址序列互补的荧光标记探针，通过杂交信号模式确定微珠的排列方式。Infinium 芯片检测采用全基因组扩增技术，不需要 PCR 反应或限制性内切酶，SNP 位点的选择完全基于基因组特征，确保实验数据的高质量。Infinium 基因分型技术包括全基因组 SNP 芯片与 iSelect 自定义全基因组 SNP 芯片。

Illumina GoldenGate 是中低通量自定义芯片的理想选择，结合 VeraCode

平台，可灵活检测 96～3 072 位点/芯片，位点数量为 96 的倍数。该技术基于等位基因特异性单碱基延伸与连接反应，通过双色荧光识别特定 SNP 位点的碱基类型。GoldenGate 技术不仅支持 SNP 基因分型与 CNV 检测芯片的定制，还可用于 DNA 甲基化芯片的开发，为研究者提供多样化的实验解决方案。

GoldenGate 检测技术在基因组分析领域展现出显著的技术优势与创新特性：一是其位点选择机制具有高度可定制性，可根据研究需求精准确定 SNP 位点，并实现从 96 个、192 个、384 个、768 个、1 536 个和 3 072 个 SNP 位点的多层级并行检测，充分满足不同规模研究项目的需求。二是系统提供 universal-12、universal-16 和 universal-32 3 种标准化格式，可依据样本规模与位点数量进行优化选择，同时支持探针设计的灵活调整，确保检测方案的适配性与经济性。三是采用微珠芯片架构结合独特的检测设计，每个 SNP 位点均配置 30 倍重复检测单元，并通过地址序列间的特异性杂交机制，使检测重复性达到 99.7% 以上的高水平。四是仅需 250 ng DNA 即可完成 3 072 个 SNP 位点的基因型信息检测，极大提升了样本利用效率。为确保实验质量，系统内置数百个内参微珠，对样品污染、延伸特异性等关键参数进行实时监控，并通过 GenomeStudio 基因分型分析软件自动生成实验监控报告，为实验结果的可靠性提供系统性保障。

（三）测序技术的深化发展及应用

1. 基于酶切的简化基因组测序技术（RAD-seq）

RAD-seq 是一种基于限制性酶切位点的简化基因组测序技术，依托于二代测序（NGS）平台，通过高通量测序酶切产生的 RAD 标签，显著降低基因组复杂度。该技术具有操作流程简洁、不需要依赖参考基因组的特点，能够在单次测序中快速鉴定出高密度的 SNP 多态性标记位点，数量可达数万级别。RAD-seq 在技术稳定性与成本效益方面表现优异，广泛应用于群体进化研究、高密度遗传图谱构建、QTL 精细定位以及辅助基因组组装等领域。其技术流程主要包括基因组 DNA 的酶切、测序文库构建、测序及数据分析 4 个关键步骤。在酶切环节，需根据物种基因组复杂度、序列信息及实验目标选择适当的限制性内切酶，以确保 RAD 标记在基因组中均匀分布，并满足实验所需的标记密度。酶切后的 DNA 片段两端连接特定接头，其中接头 1 包含酶切位点、PCR 扩增正向引物结合序列、测序引物结合序列及 barcode 等结构。随后，通过打断连接了接头 1 的序列，筛选出 400～

500 bp 的片段并连接接头 2，该接头包含 PCR 扩增反向引物结合序列及限制自身扩增的特殊结构，确保仅两端分别连接接头 1 和接头 2 的片段能够通过 PCR 扩增富集。RAD-seq 常用的测序平台包括 Illumina NextSeq 500 或 HiSeq2000。测序深度通常根据试验需求设定，群体遗传学分析一般要求 6~10 倍的测序深度。数据分析环节中，Stack 软件被广泛应用于群体基因组分析、遗传图谱构建及系统发育学分析等任务。

在 RAD-seq 基础上，Peterson 等（2012）进一步开发了 ddRAD-seq，该技术采用双酶切策略对基因组进行消化，并通过片段大小筛选将目标序列固定在两端为不同酶切位点且长度约为 500 bp 的片段中。相较于单酶切 RAD-seq，ddRAD-seq 在测序结果准确性、样本检测数量及数据利用率方面具有显著优势，同时有效降低了实验成本。

2. 测序基因分型技术

测序基因分型技术（GBS）是一种基于简化基因组测序的高通量基因分型方法，广泛应用于分子标记开发、高密度遗传图谱构建、群体遗传学分析及全基因组关联分析（GWAS）等领域。该技术通过直接构建测序文库，不需要进行 DNA 打断和片段大小选择，显著缩短了建库时间，并能够实现更高的测序深度，通常可达 60 倍。相较于限制性位点关联 DNA 测序技术，GBS 在检测 RAD 标签数量上更为精简，且测序深度更为优越，从而提高了数据的精确性和可靠性。

GBS 技术的优势不仅体现在其高效性和精确性上，还在于其能够通过简化实验流程降低实验成本，从而使其在大规模群体遗传分析中具有显著的应用价值。此外，随着测序技术的不断进步和数据分析方法的优化，GBS 技术在基因组学研究中的应用前景将更加广阔，有望为作物遗传改良和功能基因组学研究提供更为有力的技术支持。

第三节 分子标记技术在玉米育种中的应用

一、种子真实性和纯度检测

杂交玉米种子纯度和真实性的鉴定是确保农业育种质量和知识产权保护的关键环节。传统方法主要依赖于形态学观察和田间种植鉴定。形态学观察通过分析种子和幼苗的形态特征来判断种子的纯度和真实性，然而，该方法对观察者的经验要求较高,且在形态学特征相近的品种之间难以精确区分。田间种植鉴定虽然准确性较高,但其缺点在于占用大量土地、周期较长、成本较高,且田间性状易受环境因素的影响,导致鉴定结果的不稳定性。

随着分子生物学技术的发展,指纹鉴定已成为杂交玉米种子纯度和真实性鉴定的主要方法。指纹鉴定通过生化标记或分子标记的电泳分析,生成多态性电泳图谱,进而进行鉴定。该方法可分为生化指纹和DNA指纹鉴定两类,具有高度的个体特异性,且不受环境变化的影响。生化指纹主要包括蛋白质指纹和同工酶指纹,其中同工酶指纹在国内应用较为广泛。然而,同工酶的样品制备过程复杂,且需要在低温环境下进行,以防止酶活性丧失。

DNA指纹鉴定则是通过多种分子标记技术从DNA水平上揭示育种材料的遗传多样性,具有准确性和可靠性。该技术不受环境因素和生长季节的影响,易于实现自动化和商业化,推动了种质鉴定的发展。由于玉米F_1代杂交种的种皮组织基因组与母本自交系基因组相同,通过分析F_1代杂交种的种皮组织指纹图谱,可以反推出配制杂交种的双亲基因组型,这对玉米种子真伪和纯度检验具有重要意义。目前,国内普遍采用SSR标记进行玉米品种种质资源指纹图谱和真实性鉴定。然而,SSR标记存在通量低、信息量不足、检测周期长等缺点,难以区分相似度高的品种,且难以实现自动化或数字化,限制了其在品种知识产权保护中的应用。

SNP标记是基于基因组水平上单个核苷酸的变异所引起的DNA序列多态性而开发的分子标记,是继SSR之后的新一代分子标记技术。SNP标记具有覆盖全基因组、信息量丰富、灵敏度高、稳定性好、易于自动化分析等特性。在国际上,SNP标记技术已广泛应用于人类疾病基因的鉴定及筛查、动植物的育种中。在我国玉米种质资源指纹库构建和玉米品种真实性鉴定方面,应用SNP标记技术势在必行。通过建立覆盖全基因组的中高密度SNP标记指纹库,比较待测样品与品种标准样品的SNP标记指纹,可以为检测品种真实性提供依据,判定市场上的待测玉米品种是否真实。

二、分子标记辅助选择

分子标记辅助选择在作物育种中的应用主要体现在前景选择和背景选择两个方面。前景选择主要针对目标基因本身,其选择效果取决于标记与目标基因之间的连锁紧密程度。研究表明,采用两侧相邻的双标记系统对目标基因进行跟踪选择，其可靠性显著高于单标记系统。因此，开发与目标基因紧密连锁的分子标记成为前景选择的关键技术环节。随着玉米全基因组测序的完成以及多品种重测序工作的推进，分子标记在前景选择中的应用前景得到了显著拓展。

背景选择则关注基因组中目标基因以外的区域，其选择范围几乎覆盖整个基因组。在分子标记辅助选择过程中，前景选择与背景选择可协同进行：首先通过前景选择确保目标基因的保留，随后通过背景选择对中选单株的基因型组成进行全面监测，从而筛选出具有最优基因组合的个体，加速育种进程。在回交育种中，连锁累赘是影响育种效率的主要限制因素。传统方法通过扩大选择群体和增加回交次数来缓解这一问题，但研究表明，即使经过 20 代回交，供体染色体中仍可能保留相当比例的非目标基因片段。分子标记辅助选择技术的应用有效解决了这一难题，通过目标基因两侧 1 cM 范围内的双标记系统，仅需两个世代即可获得目标基因片段长度小于 2 cM 的单株，这一效率远超传统育种方法。

高文伟等（2004）通过整合 SSR、AFLP 等分子标记技术与南繁加代、常规回交等育种方法，构建了一套高效、经济的优质蛋白玉米分子标记辅助育种体系。该体系不仅显著提升了选择效率，还增强了育种过程的科学性，为优质蛋白玉米（QPM）的快速培育提供了可靠的技术支撑。分子标记辅助选择技术的不断发展与完善，为作物遗传改良开辟了新的途径，推动了现代育种技术的革新与进步。

三、抗病基因类似物标记开发

玉米病害在全球范围内广泛存在，对产量和品质构成显著威胁，已成为制约玉米生产的主要因素之一。抗病基因作为玉米基因组中的重要功能单元，不仅参与植物与病原菌的互作过程，更是研究基因组进化与协同进化机制的关键切入点。根据基因对基因假说，植物对某种病原物的特异抗性取决于它是否具有相应抗性基因，而同时对病原物的专一致病性取决于病原物是否具有无毒基因。

具体而言，只有当寄主植物携带特定抗病基因且病原菌具有相应无毒基因时，才能触发植物的抗病反应；在其他基因组合下，寄主则表现为感病状态。抗病基因的功能主要体现在两个方面：一是特异性识别病原菌的无毒基因产物，二是启动下游信号传导网络，进而激活复杂的防御反应系统。

在植物抗病基因家族中，NBS 类基因占据主导地位，其编码蛋白所包含的 NBS 和 LRR 结构域中的保守基序已成为抗病基因鉴定和分类的重要依据。通过设计特异性或简并性引物，基于 R 基因产物氨基酸序列的保守模块进行基因组 DNA 扩增，可获得 RGA 片段。这类标记不仅可作为基于 PCR 技术的 DNA 分子标记，同时也是抗病性状的潜在候选基因。研究证实，抗病基因在染色体上呈现簇状分布特征，这使得 RGA 标记技术成为定位基因组中抗病基因的有效工具。该技术具有开发简便、操作性强、检测效率高以及结果稳定性好等显著优势。

在玉米生产实践中，抗病品种的单一化种植、主栽品种的遗传同质性，加之病原菌群体的复杂性和变异性，往往导致抗病品种在推广 3~5 年后即出现抗性丧失现象。基于物种间竞争与协同进化规律，提高玉米品种抗性持久性的关键在于抑制病原菌新致病小种的产生或优势小种的形成。在当前育种技术框架下，抗性基因聚合策略被广泛采用。该策略通过将多个抗性基因整合到单一基因型中，显著提高了病原菌克服抗性的难度，因为病原菌需要同时在多个位点发生突变才能突破多重抗性屏障。研究表明，通过分子标记辅助选择技术，将多个由不同 QTL 控制的数量抗性基因进行聚合，可实现持久、广谱的抗病性。

四、全基因组关联分析

遗传连锁作图的核心理论依据在于，两个基因位点之间的遗传距离与其重组率呈正相关关系，而重组率可通过实验手段进行量化测定。该技术旨在确定控制目标性状的基因位点与各类分子标记在染色体上的相对位置，即揭示目标性状基因与分子标记间的遗传距离。与遗传连锁分析不同，连锁不平衡分析关注的是不同位点上等位基因之间的相关性。当某一基因座上的特定等位变异与另一基因座上的等位变异共现频率显著高于群体随机组合概率时，即可判定这两个等位基因处于连锁不平衡状态。理论上，同一染色体上的任意两个位点间均存在某种程度的连锁关系，且当位点间呈现紧密连锁时，其等位基因间可能表现出较强的连锁不平衡。

连锁不平衡作图也被称为配子相不平衡、配子不平衡或等位基因关联。根据研究范围的不同，关联分析可分为全基因组关联分析和候选基因关联分析。全基因组关联分析以标记为基础，通过全基因组扫描来识别与表型变异相关的突变位点，通常不涉及候选基因的功能预测。相比之下，候选基因关联分析则基于 DNA 序列，通过统计分析从种质资源库中筛选对目标性状具有正向贡献的等位基因，并通常包含候选基因的功能预测。候选基因的选择范围涵盖 QTL 定位区间内的基因、生理生化代谢途径中的关键功能基因以及近缘种中具有显著遗传效应的同源基因。理论研究表明，在进行目标性状控制基因的全基因组关联分析时，异花授粉植物的分析效果普遍优于自花授粉植物。

在进行全基因组关联分析时，不同物种所需的标记数量差异显著。例如，对于基因组较小且连锁不平衡衰减较慢的拟南芥，仅需 2 000 个标记即可完成分析；而对于遗传多样性较高的玉米地方品种，则需要多达 750 000 个标记；玉米骨干自交系则需 50 000 个标记。全基因组关联分析主要适用于基因组信息丰富且标记易于获取的物种。由于玉米具有快速连锁不平衡衰减和高遗传多样性的特点，使其成为进行全基因组关联分析的理想研究对象。随着基因芯片技术和高通量测序技术的快速发展，全基因组关联分析在解析玉米复杂性状的遗传基础方面将发挥日益重要的作用。

崔亚俊等（2022）通过合作研究，利用覆盖全基因组的 103 万个 SNP 位点，对 368 个在含油量方面具有多样性的玉米自交系进行了深入分析。他们从全基因组水平上解析了玉米籽粒含油量的遗传基础，发现 74 个位点与玉米籽粒含油量和脂肪酸构成密切相关，其中 26 个位点可解释 83% 的含油量表型变异。研究提出，微效多基因的累加效应是人工选育高油玉米的关键成因，为深入理解玉米籽粒油分形成的遗传机制提供了重要依据。

候选基因关联分析最初应用于动物和人类遗传学研究。Thornsberry 等（2001）对玉米 *Dwarf8* 基因的多态性位点与开花时间的关联分析，标志着该方法在植物研究中的首次应用。早期研究发现，*Dwarf8* 基因是一个与赤霉素代谢相关、影响玉米株高的重要基因。Thornsberry 等（2001）通过对 92 个玉米自交系的分析发现，*Dwarf8* 基因不仅影响株高，其 9 个多态性位点与开花时间的变异显著相关。这一研究成功将候选基因关联分析方法引入植物研究领域，证实了基因内连锁不平衡分析在基因功能验证和基因挖掘中的重要作用。

五、全基因组选择

传统分子标记辅助选择技术在应用过程中存在显著局限性：一是检测仅能在双亲本作图群体中进行，且仅能识别双亲间存在的等位基因变异，这极大地限制了其应用范围。二是该方法仅适用于遗传力较高且由少数 QTL 控制的数量性状，而现代育种目标性状多为由微效多基因控制的复杂数量性状，传统方法难以有效应对。三是随着全基因组关联分析技术的快速发展，基因定位已不再依赖于双亲本作图群体中的 QTL 检测，分子标记辅助选择方法也随之发生根本性变革。

全基因组选择（GS）技术基于影响性状的重要基因紧密连锁标记，通过估计所有标记效应实现对基因组所有基因效应的全面评估。该方法通过计算单株基因组育种值（GEBV）进行选择，突破了传统方法的局限。全基因组选择是分子标记辅助选择技术在全基因组范围内的扩展应用。其具体实施过程包括：首先建立模型参考群体，获取群体中每个单株的性状表型值，并测定其 SNP 基因型；随后通过全基因组 SNP 分析，鉴定评估分布于全基因组的 QTL 座位和单倍体型，进而估算 SNP 标记效应值并构建估算模型，用于计算单株基因组育种值。在育种选择群体中进行基因组选择时，先测定候选单株的全基因组 SNP 基因型，再根据模型参考群体中构建的估算模型计算单株基因组育种值 GEBV，并依据 GEBV 进行单株选择。同时，育种选择群体中依据 GEBV 进行选择的结果可进一步优化模型参考群体中建立的估算模型，提高其准确性。

与传统分子标记辅助选择技术相比，全基因组选择具有显著优势。传统方法仅利用有限分子标记对少数主要 QTL 进行选择，而全基因组选择采用全基因组高密度分子标记分析，涵盖微效 QTL 在内的所有基因组 QTL。具体而言，全基因组选择不需要进行 QTL 或主效基因检测，在育种选择群体中可不依赖表型信息进行选择，能够检测全基因组中存在的全部变异，显著提高选择的准确性和选择强度，尤其适用于传统选择方法难以处理的性状。这些优势使全基因组选择成为现代育种技术的重要发展方向，为复杂性状的遗传改良提供了新的技术途径。

六、功能标记在育种中的应用

DNA 序列多态性作为分子标记开发的核心基础，在生物多样性研究、基因定位、数量性状位点（QTL）作图以及分子标记辅助选择等领域具有重要应用价值。然而，相关研究在实践层面仍面临诸多挑战。以植物 QTL 作图为例，尽管相关研究数量众多，但成功克隆的 QTL 极为有限，大多数 QTL 仅被定位至难以进一步克隆的作图区间内。分子标记辅助选择在育种早期阶段的应用，往往难以实现预期目标，成功案例屈指可数。这些困境的根源在于分子标记技术本身的局限性。当前分子标记开发过程中，研究者过度关注同一物种内不同个体间同源序列的多态性，却忽视了该序列在物种中的功能意义，由此产生的功能未知的多态性分子标记被称为随机性

DNA 分子标记（RDM）。RDM 虽为基因组多样性研究和遗传作图提供了重要工具，但由于遗传重组导致的 RDM 与目标等位基因间的连锁关系不稳定，严重限制了其作为诊断性分子标记的实用性。为精准识别功能基因及其等位基因，实现优良等位基因的高效检测与追踪，开发目的基因标记（GTM）与功能标记（FM）已成为当前研究的重要方向。

GTM 基于目标基因内部的多态性进行开发，然而这种多态性未必与表型变异存在功能关联。尽管 GTM 与目标基因具有共分离特性，但仍无法直接作为诊断性分子标记使用。值得注意的是，RDM 与 GTM 的开发均未考虑标记位点多态性与表型变异间的潜在关联，因此均属于匿名性分子标记范畴。

功能标记概念的提出，为分子标记研究开辟了新路径。功能标记是指基于与表型相关的功能基因基序中功能性单核苷酸多态性位点开发的分子标记，可分为直接型功能标记（DFM）和间接型功能标记（IFM）两类。其中，DFM 通过比较近等基因系间引起表型差异的基因序列多态性进行设计；IFM 则基于关联分析确定的与目标基因位于同一连锁不平衡（LD）区段或单倍型上的多态性分子标记。关联分析在鉴定表型相关基因及其内部功能基序方面具有独特优势，但其应用需要满足两个关键条件：一是获得大量等位基因序列，二是确保群体表型鉴定的准确性。此外，要精确评估基因内多态性对群体表型变异的贡献，还要求基因组具有较低的 LD 水平。

（一）功能标记的优势

功能标记在育种领域的应用展现出显著的技术优势，其价值主要体现在遗传效应的普适性、目标基因的精准追踪以及遗传变异的有效表征等方面。一是功能标记的遗传效应值具有跨群体适用性，能够在不同育种群体中实现直接应用，这一特性显著提升了其在育种实践中的通用性和效率。二是功能标记在目标基因的检测与追踪方面表现出极高的精确性，为育种过程中的基因选择提供了可靠的技术支持。此外，功能标记的多态性信息能够准确反映其所在位点的等位基因遗传变异，为遗传多样性的评估提供了重要依据。

功能标记的开发基于控制农艺性状的基因序列内部的多态性特征，其设计过程不仅能够有效揭示位点基因的遗传多样性，还为种质资源库中优良等位基因的发掘提供了关键信息。在功能标记的开发过程中，研究者通过系统积累控制农艺性状的基因序列模块特征及其位置信息，构建了完善的基因功能数据库，这一成果对提升育种效率、优化种质资源利用具有重要的理论意义和实践价值。功能标记的应用不仅推动了分子育种技术的进步，也为作物遗传改良提供了新的技术路径。

（二）功能标记的特点

功能标记在遗传研究和育种实践中展现出显著的优势，其核心特征主要体现在以下几个方面：一是功能标记能够显著提升目标等位基因的筛选效率，尤其在群体遗传学研究中，可实现对特定基因位点的精准定位与快速识别。二是该技术为自然群体与育种群体中稀有有利等位基因的筛选提供了有效工具，有助于挖掘具有潜在育种价值的遗传资源。三是在分子设计育种中，功能标记可实现对相同或不同性状相关等位基因的优化组合，从而加速育种进程并提升育种效率。四是功能标记的应用有助于构建连锁的功能标记单倍型，有效消除连锁累赘现象，优化遗传结构。五是该技术还可实现不同基因座位间的控制性平衡选择，为复杂性状的遗传改良提供理论依据和技术支持。

（三）功能标记的开发所需具备的基本条件

功能标记的开发依赖于对具有明确功能的基因的分离与克隆。尽管基因数据库中已积累了大量序列信息，但明确功能的基因数量仍极为有限。以玉米为例，控制农艺性状的功能基因数量较少；即使在模式植物拟南芥中，约 25 000 个基因中也仅有 10% 被功能注释。此外，现有注释多集中于生物学功能，难以满足农艺性状分析的需求，这严重制约了功能标记的广泛应用。近年来，通过分子遗传学与功能基因组学技术，如共线性分析、图位克隆、T-DNA 和转座子标签法、QTL-seq 及 RNAi 等，已成功分离出控制玉米株高的 *Dwarf8* 基因及抗丝黑穗病的 *ZmWAK* 基因等。这些基因的分离与克隆为功能标记的开发奠定了基础。

功能标记的开发还需依赖于目标基因的多态性、等位基因序列的测定与优良等位基因变异的鉴定。这一步骤是功能标记开发的核心环节之一。同时，确定目标基因内部引起表型变异的功能基序是开发功能标记的关键。物种内与物种间的核苷酸多样性差异显著，通过关联分析可明确基因的连锁不平衡（LD）模式。例如，拟南芥的 LD 区段可达 10 kb 以上，而玉米的 LD 区段通常不足 1 kb。在 LD 水平较低的物种中，关联分析有助于鉴定控制农艺性状的基因序列模块及其遗传效应。然而，对于 LD 水平高且单倍型区段较长的物种，关联分析结果可能受遗传背景干扰，需结合统计方法控制群体结构的影响。因此，关联分析鉴定的序列模块仅能提供间接证据，被称为间接型功能标记（IFM）。

利用甲基磺酸乙酯（EMS）进行局部或随机诱变，可构建含有一系列错义突变的 TILLING 群体。通过将突变材料与野生型材料回交，可获得仅含单一序列模块差异的近等基因系。通过比较这些近等基因系的表型与基因型差异，可直接鉴定差异序列模块的功能。基于这些功能明确的序列模块开发的功能标记被称为直接型功能标记（DFM）。

七、玉米分子设计育种

玉米全基因组测序的完成标志着玉米基因组学研究从结构基因组学向功能基因组学及其他相关"组学"领域的全面拓展。基因组学、蛋白质组学等学科在生物信息学的支持下，为揭示玉米亚细胞层面的生理机制及真核生物多细胞系统的复杂功能提供了分子水平的理论基础。这一系列"组学"技术的突破，推动了传统生物学向系统生物学的转型，进而催生了分子设计这一前沿概念，为作物育种领域带来了革命性的变革。

设计育种的概念最早由比利时育种学家 Peleman 与 Van Der Voort 于 2003 年提出，认为设计育种可分 3 步进行：第一步是定位与目标农艺性状相关的数量性状位点（QTL）。第二步是评估这些 QTL 中不同等位基因的表型效应值。第三步是基于上述信息进行系统化的育种设计。分子设计育种的理论基础建立在对作物中控制目标性状的 QTL 的精准定位分析，以及不同等位变异对表型贡献值的量化评估之上。其核心在于通过对控制重要农艺性状的 QTL、基因功能及其等位变异的深入理解，结合预先设定的育种目标，筛选适宜的种质资源或中间材料，并综合运用育种学、分子生物学、遗传学及生物信息学等多学科技术与知识，实现多基因的有效组装与累加，最终培育出符合目标性状的新品种。

（一）分子设计育种基本条件

分子设计育种的有效实施依赖于若干关键要素的协同作用，即 5 个基本条件：①高密度遗传图谱的构建是基础性前提，随着二代测序技术的普及，全基因组 SNP 标记的开发效率显著提升，标记密度持续增加，这为 QTL 的精确定位提供了技术保障；②对重要农艺性状相关 QTL 或基因的定位与功能解析是核心环节，这一过程涉及复杂的分子生物学机制研究；③建立包含全面遗传信息的数据库系统至关重要，该数据库应当能够为育种决策提供多维度的数据支持；④开发适用于分子设计育种的统计分析方法及相应软件是实现精准育种的必要工具，这些工具应当具备处理复杂遗传数据的能力；⑤丰富的种质资源库及各类育种中间材料的积累是开展分子设计育种研究的物质基础，这些资源的质量和多样性直接影响育种成效。

（二）分子设计育种主要研究方向

在玉米分子设计育种领域，当前研究重点聚焦于以下3个方面。

1. 重要农艺性状QTL或基因的高效发掘

针对重要农艺性状的基因定位研究，采用高通量分子标记技术与核心种质资源重测序相结合的方法，系统开展全基因组关联分析，以精准识别控制关键农艺性状的基因位点。通过构建高代回交导入系群体，结合大规模回交与定向选择策略，有效消除遗传背景干扰，实现主效应显著且表达稳定的QTL精细定位。同时，通过对比分析不同轮回亲本与供体亲本的组合定位结果，深入解析基因的一因多效、多因一效、复等位性、上位性互作、基因与遗传背景及环境互作等复杂遗传机制。

2. 建立核心种质库和骨干亲本库的遗传信息系统

在种质资源信息系统的构建方面，重点围绕核心种质库与骨干亲本库的遗传多样性展开研究。核心种质库作为遗传多样性的重要载体，骨干亲本则是当前育种实践中广泛应用的优良材料，蕴含丰富的基因资源。通过系统挖掘这些种质资源的遗传信息，建立分子设计育种信息系统，实现亲本基因型及其与环境互作信息的快速获取，为精确预测不同亲本杂交后代在不同生态环境下的表现提供科学依据。

3. 建立主要农艺性状的GP模型

在主要农艺性状的基因组预测（GP）模型构建方面，GP模型作为分子设计育种的核心技术，旨在阐明基因、基因型与环境间的相互作用机制，从而预测目标基因型的表型表现。该模型整合了基因信息、种质资源遗传信息以及作物生物学特性，结合不同生态区域的育种目标，对育种过程中的各项指标进行模拟优化，显著提升育种效率。通过GP模型，可准确预测不同亲本杂交后代产生理想基因型及育成优良品种的概率，为育种实践提供理论指导。

尽管作物分子设计育种仍处于初步发展阶段，尚未在商业化品种培育中实现大规模应用，但其作为一项综合性技术体系，融合了分子育种学、植物生理学、生物化学、作物栽培学、生物统计学及生物信息学等多学科知识，并整合了基因组分析、QTL定位、分子标记辅助选择、转基因技术及计算机模拟等多项技术，展现出广阔的发展前景。随着研究的深入与技术的完善，分子设计育种有望在作物改良领域发挥更大的作用。

第八章

玉米基因工程技术

第一节 玉米基因工程技术概述

一、玉米基因工程

（一）玉米遗传转化系统的受体类型及选择

基因工程，又称重组 DNA 技术，是通过人为干预生物体遗传物质以实现特定遗传性状改变的科学手段。外源基因的遗传转化过程涉及将外源基因导入宿主细胞，并使其在宿主基因组中稳定整合，最终获得再生植株。该过程的核心要素可归纳为三方面：一是需筛选适宜的基因（如目的基因、标记基因或报告基因）并建立有效的选择条件，以确保转化细胞或植株的准确筛选。二是需构建完善的植株再生体系，优化组织培养周期以减少体细胞无性系变异的发生。三是外源基因导入方法需具备高效性、可重复性及稳定性，以确保目的基因在宿主基因组中的稳定整合与正常表达。后两者直接关联遗传转化技术体系的构建与优化。

玉米遗传转化受体系统主要包括幼胚直接转化系统、愈伤组织再生系统、茎尖生长点转化系统、原生质体再生系统及种质细胞介导系统。各系统各具优势，适用于不同转化方法及目的。其中，原生质体作为早期玉米遗传转化的受体材料，因其可通过电穿孔法、聚乙二醇诱导法等物理或化学方法高效导入外源 DNA，在 20 世纪 80 年代得到广泛应用。

胚性愈伤组织因其易获取性、高再生能力及较短转化周期，成为当前玉米遗传转化中最常用的受体系统。尽管其细胞转化频率低于原生质体系统，但其避免了植株再生困难，且操作相对简便。幼胚诱导的胚性愈伤组织可分为致密Ⅰ型与松脆Ⅱ型，后者因其高胚性与长期继代能力成为首选，但其诱导与再生能力受基因型及继代培养影响。

茎尖分生组织作为另一常用外植体，因其可直接转化、不需要诱导愈伤组织及取材便利性，在遗传转化中具有独特优势。张举仁利用茎尖分生组织系统，成功获得遗传稳定的转基因玉米株系及耐盐性、产量显著提高的新材料（李学红等，2001）。该方法通过农杆菌介导法导入目的基因，结合选择剂筛选与后代自交，可有效克服基因型制约，但其技术难度较高，限制了其广泛应用。

（二）玉米遗传转化方法的发展

玉米因对农杆菌感染天然抗性较强，且在组织培养过程中难以形成松脆型 II 类愈伤组织，导致其遗传转化效率显著低于其他模式作物，这一特性严重制约了玉米基因工程研究的发展进程。自 1988 年首次通过粒子轰击技术成功获得可育转基因玉米植株以来，遗传转化技术已成为玉米种质资源改良及分子生物学研究的关键技术。目前，外源基因导入玉米基因组的技术体系已发展至十余种，主要包括电穿孔法、聚乙二醇诱导法、基因枪轰击法、农杆菌介导法等。

1. 电穿孔法

电穿孔法是一种基于高压电脉冲诱导细胞膜瞬时通透性改变的基因转移方法，其核心机制在于通过电击在细胞膜上形成可逆性微孔，从而实现外源 DNA 的高效导入。在受体材料选择方面，电穿孔技术已成功应用于玉米胚性悬浮培养物、胚性愈伤组织及幼胚细胞等多种完整细胞系统，其中受体材料预处理是关键技术环节，通常采用酶解或机械处理方式对细胞壁进行适度修饰，以增强 DNA 的导入效率。尽管已有玉米原生质体培养再生可育植株的成功案例，但由于该技术体系存在操作复杂、转化效率低等固有局限性，严重制约了其在玉米原生质体转化中的广泛应用。从技术发展角度来看，电穿孔技术在植物基因工程领域仍具有显著的应用价值，但需要进一步优化实验参数，提高转化效率，以拓展其在作物遗传改良中的应用范围。

2. 聚乙二醇诱导法

聚乙二醇（PEG）诱导法是一种通过 PEG 处理外源 DNA 与原生质体混合物，实现外源基因导入的技术。与电穿孔法依赖电脉冲不同，PEG 法通过化学介导完成转化，但其转化效率通常低于电穿孔法。Lyznik 等（1991）以玉米原生质体为受体，采用 PEG 法成功实现了非选择性 *GusA* 基因与选择性 *Npt* II 基因的共转化，转化频率达到 1×10^{-4}。PEG 法因其依赖原生质体作为受体，存在再生可育植株难度大、基因型限制显著等技术瓶颈，导致其近年应用范围受限。尽管如此，PEG 法在特定实验条件下仍可作为基因功能验证和遗传转化研究的重要工具，尤其是在电穿孔法不适用或实验条件受限的情况下。

3. 基因枪轰击法

基因枪轰击法也称粒子轰击法，是一种基于物理学原理的遗传转化技术，其核心机制是通过高速轰击将包被外源 DNA 的金属微粒（如钨或金粉）导入植物靶细胞。该方法自问世以来，已在植物遗传工程领域得到广泛应用，并逐步发展成为一种高效、普适的基因导入手段。其技术优势在于能够针对多种受体材料进行转化，包括原生质体、胚性悬浮培养物、愈伤组织、外植体（如幼穗、幼胚、成熟胚、离体茎尖及叶片）乃至花粉等。

4. 农杆菌介导法

根瘤农杆菌因为能够通过 Ti 质粒上的 T-DNA 片段实现基因转移，成为植物遗传转化研究中的重要工具。其转化机制的核心在于植物受伤后释放的酚类化合物激活农杆菌的 DNA 表达系统，促使农杆菌在伤口部位聚集并附着于植物细胞壁，随后 T-DNA 片段被转移至植物细胞内并整合至宿主基因组中，最终实现外源基因的表达。该技术具有转化效率高、DNA 片段转移能力大、外源基因拷贝数低等显著优势，从而降低了基因重排和转基因沉默的风险。在玉米遗传转化体系中，受体基因型、农杆菌菌株、外植体选择（如幼胚的发育阶段）以及培养条件（如培养基 pH 值、渗透压）等因素对转化效率具有重要影响。此外，vir 基因的表达调控，尤其是通过添加乙酰丁香酮等酚类物质诱导其表达，被认为是实现稳定转化的关键。然而，研究表明，在某些情况下，携带额外 vir 基因的超级双元载体系统在共培养过程中不需要依赖 vir 基因的诱导即可实现高效转化，这进一步凸显了 T-DNA 整合后细胞存活能力的重要性。

在农杆菌介导的玉米遗传转化技术发展中，Graves 等（1986）首次尝试将农杆菌悬浮液注入玉米幼苗，获得了初步转化体，但缺乏充分的分子生物学证据。Grimsley 等（1987）发现农杆菌能够介导玉米条纹病毒 cDNA 的转移，为 T-DNA 转移机制提供了重要参数。Gould 等（1991）进一步证实，农杆菌可将 npt 基因和 Gus 基因成功导入玉米茎尖组织，并获得了转基因植株。此后，以玉米幼胚和胚性愈伤组织为受体的农杆菌介导转化技术逐渐成熟。

Ishida 等（1996）用携带 $virB$、$virC$ 和 $virG$ 基因额外拷贝的超级双元载体（super-binary vector）的农杆菌侵染玉米自交系 A188 幼胚，以幼胚为单位的转化率达 5%～30%。Lupotto 等（1999）同时还发现幼胚上最易受农杆菌感染的部位是胚轴,而不是产生胚性愈伤组织的盾片。1999年,黄璐等报道了农杆菌介导法转化我国玉米单交种愈伤组织成功的工作,但未见转基因植株性状的报道。Zhao等(2002)通过优化转化条件和培养基成分,在Hi-II玉米幼胚转化中实现了32.8%~50.5%的转化率,平均转化率约为40%。Frame等(2002)发现,在普通双元载体系统中,添加L-半胱氨酸可提高Hi-II幼胚的转化率,但会抑制愈伤组织的形成能力。

5. 病毒介导法

病毒介导法是将外源目的基因整合至病毒基因组中,借助病毒感染机制实现植物细胞基因导入的技术。该技术主要依赖于单链DNA植物病毒载体系统、单链RNA植物病毒载体系统以及双链DNA植物病毒载体系统。其中,花椰菜花叶病毒(CaMV)因其载体体积小、操作便捷且转化效率较高,成为目前应用最为广泛的载体。然而,病毒载体的容量限制使其无法承载大片段外源DNA,因此在玉米遗传转化中的应用较为有限。尽管如此,该方法在玉米基础研究中仍占据重要地位。

6. 种质细胞介导的基因转化方法

这一类转化体系是通过植物生殖系统的细胞(如花粉、卵细胞、子房、幼胚等)以及细胞结构实现外源DNA的导入,被归类为"种质转化系统"。该方法涵盖花粉管导入法、花粉介导法、子房注射法、幼穗注射法、幼胚注射法、细胞器导入法及染色体导入法等多种技术。1986年Ohta通过外源DNA与玉米花粉混合授粉,成功实现了胚乳基因的高频转移。丁群星等(1993)利用子房注射法将Bt毒蛋白基因导入玉米自交系,获得了转基因玉米。王景雪等(1997)采用超声波辅助花粉介导法,将外源质粒PGII-RC-1导入玉米植株,转化率达到约5%。

7. 其他方法

Lusardi等(1994)通过显微注射法成功转化玉米体细胞胚和茎尖生长点的特定细胞,并利用花青素合成标记验证转化结果。Kaeppler等(1990)采用硅碳纤维介导法将 *Gus* 基因转入BMS悬浮培养系,实现了瞬时表达。然而,由于技术限制,这些方法尚未在广泛范围内得到应用。

二、玉米基因组编辑技术

玉米基因组的定向修饰长期以来被视为一项复杂且不确定性较高的研

究。随着基因组编辑技术的突破性进展，工程化核酸酶的应用为精确诱导基因突变提供了全新的技术路径。基因组编辑的核心机制在于通过人工设计的核酸酶在基因组特定位点诱导 DNA 双链断裂（DSB），进而激活细胞固有的修复机制，包括同源重组（HR）和非同源末端连接（NHEJ）等途径，从而实现基因组的定点修饰。这种技术不仅能够实现单基因的精确编辑，还可用于多基因同时修饰以及特定 DNA 片段的缺失操作，为功能基因组学研究提供了重要的技术支撑。在基因组编辑技术体系中，人工核酸酶发挥着关键作用。人工核酸酶主要包括大范围核酸酶（MGN）、锌指核酸酶（ZFN）、类转录因子效应物核酸酶（TALEN）、CRISPR/Cas 系统 4 类。

MGN 是最早被发现的序列特异性核酸内切酶，其特点在于能够识别 14 bp 以上的长切割位点，通过诱导 DSB 激活同源重组修复机制。然而，MGN 的局限性在于已知酶种类有限，无法覆盖所有潜在靶位点，这极大地制约了其应用范围。

ZFN 由 DNA 结合结构域和 Fork I 切割结构域组成，其独特之处在于锌指蛋白模块能够特异性识别 3 个碱基，通过多个模块的串联实现对特定 DNA 序列的精确识别。当两个 ZFN 分子分别结合于靶位点上下游时，Fork I 结构域通过二聚化产生核酸内切酶活性，从而实现 DNA 双链断裂。尽管 ZFN 系统在玉米基因组精确修饰方面取得了突破性进展，但其仍存在靶向序列受限、脱靶效应显著等技术瓶颈。

类转录因子效应物是在植物病原菌研究中发现的重要工具，其结构特征与 ZFN 类似，均由 DNA 结合结构域和 Fork I 切割结构域组成。TALEN 的 DNA 识别机制依赖于重复序列中的 RVD 结构，每个重复单元可特异性识别单个碱基。与 ZFN 相比，TALEN 在设计和构建方面具有明显优势，但其重复片段数量较多，增加了与靶基因结合的难度，这也限制了其在基因组编辑中的广泛应用。

CRISPR/Cas9 具备操作简便、特异性强及细胞毒性低等优势，可以对特定基因组位点进行切割置换的系统。1987 年，Ishino 首次在细菌碱性磷酸酶基因中发现串联短回文重复序列，CRISPR 相关研究逐步深入。随后的研究在多种细菌及古细菌中发现了类似结构，并于 2002 年正式命名为成簇规律性间隔短回文重复序列（CRISPR）。CRISPR/Cas 系统根据其结构特征可分为 I 型、II 型、III 型，其中，II 型 CRISPR 系统因仅包含 Cas9 蛋白而更易于载体构建，成为研究与应用的重点。Barrangou 等（2007）首次通过实验证实了 II 系统在适应性免疫中的作用，揭示了其间隔区对外源 DNA 的识别功能及 Cas 酶在噬菌体防御中的核心作用，为后续研究奠定了重要基础。

在基因编辑技术领域，靶基因的特异性切割主要激活两种 DNA 损伤修复机制，即非同源末端连接（NHEJ）和同源重组（HDR）。NHEJ 机制通常引发脱氧核糖核酸的小规模缺失或插入，导致基因编码区的阅读框架移位，从而实现基因敲除效应。相比之下，HDR 机制利用外源同源模板在切割位点进行精确修复，能够在靶点引入特定点突变或插入预期序列。在 ZFN 和 TALEN 技术中，FokⅠ核酸内切酶的二聚体状态是核酸酶活性的必要条件。ZFN 技术中，锌指蛋白与 FokⅠ限制性内切酶的融合要求每对 ZFN 结合序列的间隔区域为 5～7 bp，确保 FokⅠ聚体的形成。

玉米基因组编辑技术为定向创造突变体及新种质提供了可能。Shukla 等（2009）首次利用 ZFN 技术对玉米进行基因组编辑，成功在 *IPK1* 靶位点引入插入突变，导致除草剂耐受性和种子中肌醇磷酸谱的改变。该方法适用于玉米基因组中任何 ≥1 kb 的基因位点突变。而使用 TALEN 和 CRISPR/Cas 系统在玉米中进行定向敲除，在玉米原生质体中编辑 *ZmPDS*、*ZmIPK*、*ZmIPK1A* 和 *ZmMRP4*，获得了高达 23.1% 的靶向突变效率，以及 13.3%～39.1% 的体细胞突变。通过聚乙二醇（PEG）介导 DNA 摄入，利用玉米 U3 启动子驱动 gRNA，以及 CaMV 35S 启动子驱动优化后的 *Cas9* 基因，显示，第一个 gRNA 诱导的突变频率为 16.4%，第二个 gRNA 诱导的突变频率为 19.1%。CRISPR/Cas 系统在玉米原生质体中的靶向突变效率（13.1%）与 TALEN 结果（9.1%）相近，表明两者均可用于玉米基因组修饰。Xing 等（2014）开发了基于 pGreen 或 pCAMBIA 骨架的 CRISPR/Cas9 二元载体系统及 gRNA 模块载体集，构建了植物多重基因组编辑工具包。利用 pCAMBIA 骨架的 CRISPR/Cas9 二元载体系统，仅需一步 *Bsa*Ⅰ限制性内切酶重组即可完成最终载体构建，实现对植物基因的单个或多个位点编辑。Svitashev 等（2015）通过生物裂解法导入 CRISPR/Cas9 系统，在玉米中实现了基因替换和插入事件。他们在 5 个基因组位置上选取 12 个不同位点进行切割，确定了靶向位点可被有效编辑，并统计了含有双等位突变基因植株中突变事件的频率。通过单链寡核苷酸或双链 DNA 载体编辑 *ALS2* 基因，获得了抗氯磺隆植株。sgRNA 引导的 Cas9 核酶产生的双链断裂，通过同源定向修复刺激了 *LIG1* 位点附近的性状基因插入，其后代表现出预期的孟德尔分离突变，证明了 Cas9 核酶对玉米基因组的有效编辑能力。

随着基因组测序技术和生物信息学的快速发展，以及新的 DNA 传递方法的不断涌现，CRISPR/Cas9 系统为玉米基因工程建立了一个高效和精确的体系。在玉米基因功能验证和反向遗传学研究等领域，CRISPR/Cas9 技术正逐步发挥其重要作用，并在未来工作中占据更加重要的地位。

第二节　转基因鉴定与安全评价

转基因材料的鉴定涉及多个关键要素，需通过系统化分析确保其遗传特征与预期一致。首要环节是确定转基因的整合状态，包括拷贝数、插入位点数量及目标基因的完整性。此外，需明确整合位点的具体位置，并对载体卡盒两端的连接序列进行精确鉴定。值得注意的是，非预期 DNA 序列的存在，如转化载体骨架序列，也应纳入检测范围。同时，需评估插入序列在传代过程中的稳定性，以及目标性状的表达与功能是否得以维持。在简单案例中，转基因可能仅包含标记基因或选择基因；而在复杂情况下，转基因结构则可能由标记/选择基因与多个目的基因共同构成。此类基因通常以嵌合形式存在，即不同来源的编码框、启动子及 3′ 非翻译区融合形成完整的基因表达单元。

一、转基因鉴定

（一）转基因材料的 PCR 检测和 Southern 杂交鉴定

转基因材料的分子鉴定主要依赖于聚合酶链式反应（PCR）与 Southern 杂交技术的联合应用。PCR 技术通过特异性引物扩增目标基因片段，可初步验证外源基因在受体细胞中的存在，但其检测结果易受 DNA 污染干扰，且无法准确区分多位点插入情况，因此仅作为转基因植株筛选的初级手段。相比之下，Southern 杂交技术作为分子杂交领域的经典方法，能够精确检测外源基因在染色体上的整合位点、拷贝数及插入方式，是验证转基因材料可靠性的金标准。此外，原位杂交技术可进一步精确定位外源基因在特定染色体上的具体位置，为转基因研究提供更深入的分子证据。

Southern 杂交技术由 Southern E.M. 于 1975 年提出，其检测灵敏度可达 2 ng 的 DNA 量，具有较高的特异性与准确性。该技术通过标记探针与靶 DNA 的特异性结合，可有效排除 DNA 污染或转化质粒残留导致的假阳性结果，从而准确评估外源基因在转基因后代中的稳定性。然而，Southern

杂交技术存在操作步骤复杂、实验周期较长等局限性，且对基因组 DNA 质量及探针特异性要求较高。特别是在玉米等基因组庞大、重复序列丰富的物种中，DNA 提取过程中的断裂现象进一步增加了检测难度。

除常规 PCR 技术外，反向 PCR（IPCR）在转基因植株鉴定中展现出独特优势。IPCR 通过限制性内切酶消化、片段环化及反向引物设计等步骤，可扩增已知 DNA 序列的旁侧区域，为转基因品系特异性检测提供序列依据。该方法在检测多拷贝、多位点整合时，可在凝胶电泳上呈现多条电泳条带，而单拷贝整合则仅显示单一条带。然而，IPCR 技术对 DNA 模板复杂度具有严格限制，当模板复杂度超过 109 bp 时，其检测效果将显著降低。这一技术局限性在复杂基因组物种的转基因检测中尤为突出，需要结合其他分子鉴定方法进行综合验证。

（二）转基因表达的 Northern 杂交和 RT-PCR 检测

转基因表达水平的检测是分子生物学研究中的关键环节，Northern 杂交与 RT-PCR 技术作为两种主要的转录水平检测方法，在转基因研究中具有重要应用价值。Northern 杂交技术通过植物细胞总 RNA 与特异性探针的杂交反应，能够直接检测外源基因的转录产物，其检测结果与目的性状表现具有较高的相关性。然而，该技术存在实验周期较长、材料需求量较大、对低丰度 mRNA 检测灵敏度有限等局限性。相比之下，RT-PCR 技术通过将 RNA 反转录为 cDNA 后进行 PCR 扩增，具有操作简便、灵敏度高等优势，在转基因检测中应用更为广泛。RT-PCR 技术的关键在于确保 RNA 样本无 RNA 酶污染，引物设计需考虑基因组 DNA 的排除，通常选择内含子两侧区域作为特异性引物设计位点。

定量 RT-PCR（RT-qPCR）作为 RT-PCR 的升级技术，通过荧光信号实时监测 PCR 扩增过程，实现了 mRNA 水平的精确定量分析。该技术的定量准确性主要取决于 cDNA 模板的质量与数量，其中逆转录步骤的优化至关重要，需确保 cDNA 产物能够准确反映初始 RNA 的状态。在 RT-qPCR 技术体系中，荧光信号的积累与 PCR 产物的形成保持同步，通过建立标准曲线即可对未知模板进行定量分析。目前，SYBR Green Ⅰ 法和 TaqMan 探针法是两种常用的荧光检测方法。SYBR Green Ⅰ 法通过荧光染料特异性结合双链 DNA 实现信号检测，而 TaqMan 探针法则利用报告基团与淬灭基团的分离机制，实现单分子水平的荧光信号检测。这两种方法均能确保荧光信号强度与 PCR 产物数量呈正相关，为转基因表达水平的精确测定提供了可靠的技术支持。

(三)外源基因表达蛋白的检测

在转基因生物的研究中,外源基因编码蛋白的检测是确保其正确表达的关键环节。酶联免疫吸附剂测定法(ELISA)与Western杂交技术是两种常用的检测手段。Western杂交技术能够有效鉴定外源基因编码产物的存在及其表达水平,而ELISA方法尽管在标准曲线的建立上较为复杂,但其操作简便,适用于大规模样本的定量分析。通常,这两种方法会结合使用,以提高检测的准确性与可靠性。

外源基因表达产物的检测不仅是对转基因生物功能验证的核心步骤,也是评估转基因作物环境安全性与食用安全性的重要依据。检测的核心在于蛋白质的鉴定,通常依赖于抗原与抗体之间的特异性反应。这类方法在蛋白质检测中展现出显著的优势,包括高度的特异性、检测效率以及灵敏度。此外,当外源表达产物为酶时,可通过测定酶活性的方法来确定其表达量,从而进一步评估其功能与安全性。这一系列检测手段的综合应用,为转基因生物的研究与应用提供了坚实的科学基础。

1. ELISA 检测

ELISA检测技术基于抗原或抗体的固相化及其酶标记,通过将抗原抗体反应的特异性与酶的高效催化作用相结合,实现定性或定量分析。该方法主要分为直接法、间接法和双抗夹心法,其中双抗夹心法因其高灵敏度而被广泛应用。尽管ELISA通常用于定性检测,但通过建立已知转基因成分浓度与吸光度值的标准曲线,可实现半定量测定。该技术具有操作便捷、灵敏度高、特异性强、试剂商业化程度高、成本低廉及适用范围广等优势,但也存在本底过高、标准化不足等局限性。此外,ELISA对表达蛋白的特异性抗体要求极高,需具备高灵敏度和高特异性。

2. Western 印迹法

Western印迹法是一种将蛋白质电泳、印迹及免疫测定相结合的蛋白质检测技术。其核心步骤包括通过聚丙烯酰胺凝胶电泳(SDS-PAGE)分离目标蛋白,并将其原位固定在固相膜上,随后通过特异性抗体(一抗)与目标蛋白结合,再引入标记的二抗进行检测。该方法能够直接反映目的基因在翻译水平的表达情况,从而评估转基因的成败。Western印迹法具有高特异性,适用于定性检测,但其操作复杂、成本较高,且不适用于大规模检测。

3. 免疫试纸条检测法

免疫试纸条检测法的原理是双抗体夹心免疫测定，以硝酸纤维素膜为载体，利用毛细管作用使液体在膜上移动，并在移动过程中发生抗原—抗体反应，形成 Ag-Ab-Ag-Au 复合物，最终在包被线上形成红色沉淀线。该方法通过质控线确保检测结果的可靠性，阳性结果表现为质控线与检测线同时出现，阴性结果则仅出现质控线。免疫试纸条检测法不需要依赖复杂设备，可对转基因作物的种子、叶片等部位进行即时检测，结果直观可见。

在遗传转化过程中，需通过一系列验证步骤确认外源基因是否成功进入植物细胞、整合至染色体并表达。这些步骤包括检测外源基因的整合方式、表达水平及其对目标性状的影响。只有在确认转基因植株具备原植株所不具备的经济性状后，才能认定其具有育种价值。这一系列验证过程为转基因材料的鉴定提供了科学依据，确保了其在实际应用中的可靠性和有效性。

二、转基因安全性评价

与传统的育种方法不同，基因工程能够跨越物种界限，将特定基因或基因片段从一种生物体中提取并整合到另一种生物体中，或通过调控基因表达水平实现目标性状的优化。这一技术的核心在于基因的跨物种转移或人工合成，从而赋予受体生物新的遗传特性。然而，这种技术的应用也引发了关于转基因生物安全性的广泛讨论，尤其是在基因流动、非目标生物影响以及生态系统稳定性等方面。因此，对转基因生物进行系统性安全评估成为不可或缺的环节。

转基因植物的安全性评价主要从遗传稳定性、环境安全性及对人类健康的影响 3 个方面展开。具体评价内容包括受体植物的背景资料、生物学特性、生态环境及遗传变异等；基因操作的安全性则涉及引入或修饰的性状、实际插入或删除的序列、目的基因与载体的构建图谱、转基因方法及插入序列的表达情况等。此外，针对特定转基因植物对人类健康和环境的影响，需采取个案分析的原则，确保评估的针对性和科学性。

此外，针对某一具体转基因植物对人类健康和环境的影响，应当采取个案分析的原则，具体问题具体分析。审批项目需包括转基因生物的安全评价及安全等级、安全管理措施、安全研究内容与检测情况以及申请单位的相关资格。法律依据主要涵盖《农业转基因生物安全管理条例》及其修订版本,以及《农业转基因生物安全评价管理办法》及其修订版本。申请材料需包括《农业转基因生物安全评价申报书》、安全等级及其依据、检测报告、安全研究内容及防范措施说明,以及上一阶段试验的总结报告。审批程序分为材料受理、专家评审和办理批件3个步骤,由农业农村部农业转基因生物安全管理办公室负责组织实施。

第三节 玉米抗虫、抗除草剂基因工程

迄今发现并应用于提高玉米抗虫性的基因主要有两类:一类是从细菌中分离出来的抗虫基因,如苏云金芽孢杆菌基因、异戊基转移酶基因;另一类是从植物和动物中分离出来的抗虫基因,如外源凝集素基因、蛋白酶抑制剂基因、淀粉酶抑制剂基因等。

一、Bt 玉米基因工程

(一)Bt 及其杀虫机理

苏云金芽孢杆菌(Bt)是一种广泛分布于土壤中的革兰氏阳性细菌,以其产生杀虫晶体蛋白的特性而著称。随着菌种改良与发酵工艺的进步,Bt 生物杀虫剂逐渐扩展至鳞翅目、双翅目和鞘翅目害虫的控制领域。新一代 Bt 杀虫剂通过基因工程手段,将不同杀虫蛋白编码基因整合至单一菌株,显著提升了其毒性与杀虫特异性。

Bt 的生命周期包括营养期与芽孢形成期。在芽孢形成过程中,菌体产生大量蛋白质,并以结晶形式存在,称为伴孢晶体。其主要成分为杀虫晶体蛋白,也称 δ-内毒素。该蛋白由 *cry* 基因或 *cyt* 基因编码,对鳞翅目、双翅目、鞘翅目等多种昆虫及线虫、螨类、原生动物等具有特异性杀灭活性。Bt 杀虫晶体蛋白的杀虫机制涉及原毒素在昆虫中肠碱性环境下的活化过程。原毒素经蛋白水解后,生成 65~70 kD 的抗蛋白酶蛋白,与中肠刷状缘膜囊泡上的特异性受体结合,导致细胞膜穿孔,破坏离子与渗透压平衡,最终使昆虫死亡。值得注意的是,Bt 蛋白对哺乳动物、鸟类、鱼类及非靶标昆虫的安全性较高,因其肠道环境为中性或酸性。

在转基因作物研发中,Bt 基因主要分为 3 类:编码杀虫晶体蛋白的 *cry* 与 *cyt* 基因,以及编码营养期杀虫蛋白的 *vip* 基因。*cry* 基因根据杀虫谱与序列相似性,进一步分为 *cry1*、*cry2*、*cry3*、*cry4*、*cry5* 五大类,每类下

包含多个亚类。

cyt 类基因编码的蛋白分子量较小，具有溶细胞活性，主要针对双翅目昆虫。基因在菌体营养期分泌非晶体外毒素，对鳞翅目昆虫具有广谱抗性。其中，Vip3 类蛋白经酶解后释放 62 kD 活性肽片段，与中肠上皮细胞受体结合，形成孔道，导致细胞死亡。

在应用层面，Cry 类蛋白因其生物活性与毒性专一性较强，成为抗虫转基因玉米的主要基因，尤以 Cry1Ab 应用最为广泛。*Vip* 类类基因杀虫谱较宽，但研究尚不完善，多用于拓宽抗虫谱或降低靶标昆虫对 *cyt* 类基因的抗性。*cyt* 类基因抗虫性相对专一，在转基因植物工程中应用较少。

我国学者通过 Bt 新株系筛选与基因克隆，取得了显著进展。例如，刘兴龙等（2008）克隆了对暗黑鳃金龟具有毒杀活性的 *cry8Ea2* 基因。孙永祥等（2010）克隆出对粉纹夜蛾具有毒杀活性的 *cry9Ea* 基因。此外，基因改造工作也取得突破，如 *cry1Ab-Ma* 等。

（二）Bt 基因的应用

玉米螟是玉米生产的主要害虫，最具破坏性的害虫之一，在我国东北地区对农业生产构成严重威胁，年均减产率约为 10%，在虫害高发年份甚至可达 30% 以上。尽管赤眼蜂生物防治和化学药剂防治等传统方法在玉米螟防控中发挥了一定作用，但由于玉米植株高大且种植面积广阔，在生长周期内实施有效防治存在显著困难。1996 年，转 Bt 基因抗虫玉米在美国首次获得商业化应用许可，经过几十年的发展，全球已有几十种转 Bt 基因玉米品种获得商业化种植或饲料食品加工许可（ISAAA，2017），标志着转基因技术玉米螟防控领域取得了突破性进展。

20 世纪 50 年代起 Bt 制剂就应用于害虫防治，但直到 1983 年才首次在实验室和田间观察到昆虫对 Bt 产生抗性。转 Bt 基因玉米的大规模商业化种植加速了靶标害虫抗性的发展，而 Bt 蛋白在转基因植株中表达的时空差异进一步增加了抗性风险。为此，"高剂量/庇护所"和"多基因"策略被广泛采纳成为抗性治理的核心方案。"高剂量"策略要求转基因作物在整个生育期内维持足以杀死 99% 抗性杂合子个体的毒蛋白表达水平；"庇护所"策略则通过在转 Bt 基因玉米田周边种植常规品种，维持生态系统中敏感种群的数量，促进抗性个体与敏感个体的随机交配，从而延缓抗性基因的纯合化进程。"多基因"策略通过在植株中同时表达多种 Bt 蛋白，利用多重靶标位点控制害虫，降低因单一靶标位点导致的抗性风险。该策略通过共转化、多次转化或传统育种转育聚合等技术手段，将多种 Bt 基因整合到植株中，确保当害虫对一种毒素产生抗性时，其他毒素仍能发挥防控作用。

转基因抗虫玉米的培育遵循系统化的技术路线：首先筛选适宜的 Bt 基因，构建植物表达载体，建立高效的玉米受体系统，通过农杆菌介导或基因枪法将目标基因导入受体细胞，利用标记基因筛选或 PCR 检测鉴定转基因植株的整合与表达水平，通过连续自交获得纯合转化体，进行抗虫性鉴定，完成转基因安全性评价试验，最终实现商业化应用。由于 Bt 杀虫蛋白的毒性和在植株整个生育期内的稳定高效表达是防控靶标害虫的关键，因此表达载体元件的优化至关重要。鉴于 Bt 基因为原核来源，为提高其在植物中的表达效率，通常采用玉米偏好密码子替换原密码子，并选择强启动子如玉米 ubiquitin 基因启动子（PUbi）、水稻肌动蛋白基因启动子（PAct）和花椰菜花叶病毒 35S 启动子（P35S）等。

我国在转基因抗虫玉米研究领域经历了从转化方法探索到基因资源开发的演进过程。中国农业科学院在 Bt 基因资源开发方面取得显著成果，成功分离克隆了 *cry1Ah1*、*cry8Ea1*、*cry1Ie* 等 41 个新型 Bt 抗虫基因。在基因改造方面，科研人员根据植物密码子偏好性对 Bt 蛋白 DNA 序列进行优化，并改进相关调控元件以提高表达效率。唐微等（2004）通过对 *cry2A* 基因进行序列改造，在 5′ 端添加引导序列、3′ 端引入加尾识别信号序列，显著提高了毒蛋白基因在植物细胞中的表达水平。刘允军（2004）基于植物密码子偏好性人工合成了 *cry1Ac*、*cry1Ie* 基因，并采用玉米叶绿素 a/b 结合蛋白基因启动子（cab 启动子）和玉米伸展蛋白基因启动子（silk 启动子）驱动基因表达，成功获得抗虫转基因植株。白鹏飞等（2011）通过密码子优化改造 *cry1Ab* 蛋白 N 端氨基酸序列，合成 *cry1Ab-Ma* 基因，显著提升了转基因玉米的杀虫活性。李圣彦（2011）对 cry1Ah 基因进行双重密码子优化，确定了更适于在玉米中表达的基因版本。部分转 Bt 基因抗虫玉米已进入中间试验或环境释放试验阶段。

（三）其他抗虫基因的玉米基因工程

除 Bt 基因外，已克隆的抗植物虫害基因有植物凝集素基因、来自植物的蛋白酶抑制剂基因（消化抑制剂基因）、淀粉酶抑制剂基因、胆固醇氧化酶基因、植物内源几丁质酶基因、植物核糖体失活蛋白基因、海藻糖酶抑制剂基因等。

1. 植物凝集素基因

植物凝集素是一类广泛分布于自然界中的非免疫性球蛋白，其显著特征在于能够特异性识别并结合糖缀合物的糖基部分，且这一过程具有可逆性，并不改变糖基的共价结构。此类蛋白在豆科植物种子中含量尤为丰富，约占可溶性蛋白总量的10%。植物凝集素通过与单糖或多糖的特异性结合或交联，展现出显著的种类差异性。其在植物体内的生理功能多样，贯穿植物生长发育的各个阶段，不仅通过多种机制保护植物免受动物、昆虫及真菌的侵害，还通过与细胞表面化合物的相互作用，促进与细菌的共生关系。此外，植物凝集素还承担着储藏蛋白的功能，参与物质的包装与运输，并作为促有丝分裂因子，调控植物细胞的分裂过程。其在细胞壁延伸、细胞间识别等生理活动中亦可能发挥重要作用。

植物凝集素主要储存于植物细胞的蛋白体中，当被昆虫取食后，会在昆虫消化道中释放，并与肠道围食膜上的糖蛋白结合，从而干扰营养物质的正常吸收。同时，植物凝集素还可能在昆虫消化道内诱导病理变化，促进细菌繁殖，对昆虫造成显著危害。

豌豆凝集素基因编码一个由275个氨基酸残基组成的25 kD前体蛋白，其结构从N末端依次为疏水前导肽、β亚基和α亚基。该前体蛋白在内质网中经过裂解，生成成熟的α和β亚基。α链进一步经历翻译后修饰，形成在豌豆不同组织中存在的同源异型凝集素。昆虫饲喂实验表明，豌豆凝集素能够显著抑制豇豆象的生长。

雪花莲凝集素源自石蒜科植物雪花莲（GNA），其成熟蛋白由105个氨基酸残基组成，通常以四聚体形式存在，且未经历糖基化修饰。GNA特异性识别并结合α-1,3和α-1,6甘露糖，对蚜虫、褐飞虱、叶蝉等同翅目害虫以及线虫具有显著抗性，同时对咀嚼式口器害虫也表现出中等程度的毒杀作用。

蚜虫和灰飞虱是玉米生产中的主要害虫，同时也是玉米病毒病的传播媒介。尽管Bt毒蛋白基因对鳞翅目和鞘翅目等咀嚼式口器昆虫具有杀伤作用，但对刺吸式同翅目害虫无效。玉米粗缩病、玉米条纹矮缩病及玉米矮花叶病是全球范围内的重要病毒性病害，其传播媒介分别为灰飞虱和蚜虫。Wang等（2005）通过农杆菌介导法将雪花莲凝集素基因 *gna* 转入4个玉米骨干自交系，成功获得稳定的转基因株系。研究发现，采用在韧皮部特异表达的水稻蔗糖合成酶-1启动子（RSs-1）驱动 *gna* 基因表达，能够在减少 GNA 在植株其他部位积累的同时，更有效地抑制在韧皮部取食的同翅目刺吸式昆虫的生长、发育和繁殖。

2. 消化抑制剂基因

蛋白酶抑制剂是一类具有抑制蛋白水解酶活性功能的小分子蛋白质，广泛分布于动植物及微生物体内，尤其在植物种子和块茎中含量显著，可占总蛋白的 1%～10%。这类蛋白质因其作用于酶的活性中心，突变率低，昆虫产生抗性的概率极小，因而在抗虫领域具有重要价值。根据其作用的酶活性基团及氨基酸序列的同源性，蛋白酶抑制剂可进一步细分为丝氨酸蛋白酶抑制剂、半胱氨酸（巯基）蛋白酶抑制剂、金属蛋白酶抑制剂及天冬氨酸蛋白酶抑制剂等类别。

蛋白酶抑制剂通过与昆虫消化道内的蛋白酶结合，形成酶—抑制剂复合物（EI），从而抑制蛋白酶对外源蛋白质的水解作用，导致昆虫无法正常消化蛋白质。此外，EI 还能刺激消化酶的过量分泌，通过神经反馈机制引发昆虫的厌食反应，最终导致其发育异常甚至死亡。目前，已成功分离出多种蛋白酶抑制剂基因，其中研究最为深入的有豇豆胰蛋白酶抑制剂基因（*CpT*Ⅰ）、马铃薯蛋白酶抑制剂基因（*pin*Ⅱ）及水稻巯基蛋白酶抑制剂基因。

豇豆胰蛋白酶抑制剂由约 80 个氨基酸残基组成，属于 Bowman-Birk 型丝氨酸蛋白酶抑制剂，能够有效抑制鳞翅目、直翅目及鞘翅目昆虫肠道内的胰蛋白酶活性。昆虫摄入含有该抑制剂的植物后，因消化功能障碍而死亡。通过转基因技术，*CpT*Ⅰ基因已在烟草、水稻、棉花及毛白杨等植物中成功表达，实验证明这些转基因植株均表现出显著的抗虫效果。

马铃薯蛋白酶抑制剂同样属于丝氨酸蛋白酶抑制剂，其抗虫谱与 CpTⅠ 相似。根据分子结构特征，该类抑制剂可分为 PI-Ⅰ 和 PI-Ⅱ 两个家族。PI-Ⅰ 家族的单体分子量为 8.1 kD，仅含一个活性中心，主要抑制胰凝乳蛋白酶；PI-Ⅱ 家族的单体分子量为 12.3 kD，拥有两个活性中心，可分别抑制胰蛋白酶和胰凝乳蛋白酶，因此具有更广泛的应用潜力。PI-Ⅰ 和 PI-Ⅱ 基因均已被克隆并测序，其中，*pin*Ⅱ基因长度为 2.6 kb，含有一个 117 bp 的内含子。*pin*Ⅱ基因属于损伤诱导表达型基因，仅在植株受到机械损伤或特定诱导因子（如茉莉酸、茉莉酸甲酯）刺激时才会激活表达，因此其启动子也具备广泛的应用价值。

水稻巯基蛋白酶抑制剂对依赖巯基蛋白酶消化植物蛋白的昆虫具有特异性抗性，其抗虫谱与 CpTⅡ 形成互补。该抑制剂对豇豆象、杂拟谷盗、米象及大谷盗等害虫的消化酶具有显著抑制作用，表现出良好的抗虫性能。该基因编码一个由 102 个氨基酸组成的小肽，分子量约为 11.5 kD。

蛋白酶抑制剂基因在抗虫领域具有显著优势。第一，其作用机制针对昆虫消化酶的活性中心，该区域高度保守，害虫难以通过突变产生适应性，从而大幅降低了昆虫产生耐受性的风险。第二，由于哺乳动物的蛋白酶主要存在于肠道中，而蛋白酶抑制剂在胃部酸性环境下会失活并被胃蛋白酶降解，因此对人和牲畜无害。此外，蛋白酶抑制剂的抗虫谱广泛。然而，其不足之处在于，要达到理想的抗虫效果，需要较高的表达量，甚至远高于 Bt 基因的表达水平。因此，通过分子改造提升其基因表达水平已成为当前研究的重点。

除蛋白酶抑制剂基因外，淀粉酶抑制剂基因、植物内源几丁质酶基因等也在抗虫基因工程中得到了不同程度的应用，对鞘翅目、鳞翅目、双翅目、直翅目及同翅目害虫均表现出一定的抑制作用。尽管消化抑制剂类基因在玉米基因工程中的应用报道较少，但其作为候选基因，有望进一步扩大抗虫玉米的抗虫谱并延长其使用年限。

二、抗除草剂基因工程

抗除草剂转基因作物作为现代农业生物技术的核心应用之一，在农业生产中占据主导地位。杂草作为农作物生长的主要竞争者，不仅争夺水分、养分及光照资源，还充当多种病虫害的中间宿主，对作物产量与品质构成双重威胁。因此，杂草防控始终是农业科学研究的重点领域。传统杂草治理策略主要依赖于化学除草剂与机械手段，但此类方法存在显著局限性。化学除草剂虽能有效抑制杂草生长，但其非选择性特征导致农作物同样遭受损害，而机械除草则存在效率低、成本高等问题。为解决这一矛盾，科研人员从除草剂吸收差异、作用时间、靶点特异性及解毒机制等多维度入手，筛选出草甘膦、草丁膦、氯磺隆等低毒高效除草剂。然而，这些除草剂仍无法完全避免对农作物的负面影响。

农作物抗除草剂基因工程的主要策略可分为 3 类：一是通过基因调控改变除草剂靶酶的表达水平。二是对靶酶进行基因修饰以降低其对除草剂的敏感性。三是分离并导入能够高效降解除草剂的酶基因。这些策略的实施显著提升了转基因作物的抗除草剂能力，为现代农业的可持续发展提供了技术保障。

（一）克隆除草剂靶酶基因将其在作物中过表达

草甘膦是一种广谱灭生性除草剂，其作用机制主要基于对 5-烯醇丙酮酰莽草酸-3-磷酸合酶（EPSPS）的抑制。EPSPS 作为莽草酸途径中的关键酶，定位于植物细胞的质体中，参与芳香族氨基酸的生物合成。草甘膦通过与 EPSPS 的活性位点结合，阻断其催化功能，从而抑制植物生长。为克服这一限制，研究者通过筛选过表达 EPSPS 的细胞系，并克隆相应基因，成功构建了具有草甘膦抗性的转基因作物。Shah 等（1986）首次从根瘤农杆菌 CP4 中分离出 EPSPS 基因，利用 CaMV 35S 启动子驱动其表达，将其转入番茄、油菜和大豆等作物中。Wang 等（1998）从拟南芥、番茄、矮牵牛和烟草中分离出 EPSPS 全长基因，进一步推动了抗除草剂作物的基因工程研究。赫福霞等（2008）通过对 *G2-epsps* 基因进行植物密码子优化，成功将其转入玉米，建立了以 *2mG2-epsps* 基因为筛选标记的玉米转化体系。余桂容等（2010）将 *2mG2-epsps* 基因导入 10 个优良玉米自交系，确定了草甘膦的最佳筛选浓度范围为 1%~1.25%，但未达到生产所需的 2% 浓度。随后，研究者将 *2mG2-epsps* 与从宏基因组文库中分离的 *R79-epsps* 基因构建于同一表达载体，获得了耐受 6% 草甘膦浓度的转基因玉米。

草丁膦是另一类广谱灭生性除草剂，其作用机制与草甘膦不同。草丁膦的主要活性成分膦丝菌素（PPT）是谷氨酰胺的衍生物，通过抑制谷氨酰胺合成酶（GS）的活性，阻断植物和细菌中的氨基酸生物合成。GS 在植物氮代谢中发挥关键作用，但其同工酶形式多样，仅有细胞质中的 GS 与草丁膦抗性相关。草丁膦抗性基因 *bar* 是从吸水链霉菌中克隆得到的，其编码的膦丝菌素乙酰转移酶（PAT）能够催化草丁膦的自由氨基乙酰化，从而使其失去毒性。*bar* 基因作为筛选标记，在转基因植物中表现出高度的稳定性和低假阳性率，为作物抗除草剂基因工程提供了重要工具。

（二）修饰靶酶基因并转化作物

通过基因工程技术修饰除草剂靶酶，是赋予作物抗除草剂特性的重要策略之一。该技术主要涉及靶酶基因的突变筛选、定点修饰及转基因转化等关键步骤。Comai 等（1993）首次从鼠伤寒沙门菌中分离出 *aroA* 基因突变体。在乙酰乳酸合成酶（ALS）的研究中，发现该酶作为支链氨基酸生物合成途径的关键酶，其特定氨基酸位点的突变可赋予植物对磺酰脲类和咪唑啉酮类除草剂的抗性。通过分离植物中的 ALS 突变基因并转化至目标作物中，可获得高抗性转基因植株。类似机制也适用于三氮苯类除草剂，这类除草剂通过干扰光合系统Ⅱ中质体醌与QB蛋白的结合发挥除草作用。*mbs4*基因编码的QB蛋白在特定氨基酸位点发生置换后，即可阻断除草剂的结合位点，从而产生抗性。

在转基因作物的实际应用中，*CP4-epsps*基因因其优异的动力学参数和草甘膦抗性而得到广泛应用。Heck等（2005）通过构建由水稻*actin 1*启动子和CaMV 35S启动子驱动的*CP4-epsps*表达载体，成功培育出在高于常规使用剂量2～4倍条件下仍能正常生长的转基因玉米品系。由于跨国公司在除草剂抗性基因相关技术领域已建立了完善的专利保护体系，开发具有自主知识产权的抗除草剂基因仍面临重大挑战。这不仅需要突破现有技术壁垒，更需在基因功能研究和应用开发方面进行创新性探索。

（三）克隆除草剂解毒基因转化作物

自然界中，土壤微生物和某些植物体内存在特定的生化机制，能够通过酶促反应使除草剂分子失活。通过基因工程技术，将这些具有解毒功能的基因克隆并导入目标作物，可显著提升作物对除草剂的耐受性。以肺炎克雷伯菌为例，其腈水解酶基因（*bxn*）编码的酶可将除草剂溴苯腈转化为无活性的3,5-二溴-4-羟基苯甲酸。此外，草甘膦氧化还原酶（GOX）基因的克隆与应用也取得了显著进展，该酶能够裂解草甘膦的C-N键，使其失去除草活性。通过将改良的*epsps*基因导入玉米，研究者成功赋予其草甘膦抗性。美国先锋公司进一步将*GAT*基因与*zm-hra*基因（抗除草剂的*als*基因）整合至玉米中，成功培育出兼具磺酰脲类除草剂抗性和草甘膦抗性的转基因品种。这些研究成果不仅为作物抗除草剂育种提供了理论依据，也为现代农业的可持续发展奠定了技术基础。

三、性状叠加的抗虫抗除草剂基因工程

复合性状转基因作物是指通过基因工程技术在单一植株中整合并表达两个或更多外源基因，使植株获得多种转基因性状，且这些性状能够在后代中稳定遗传，相较于单性状转基因作物，复合性状转基因作物不仅显著提升了作物的功能性，还能够满足农业生产中对多重抗性和资源利用效率的需求，具有广阔的应用前景。

在育种复合技术中，杂交聚合法是常用的手段。该方法通过将具有不同转基因性状的纯合系亲本进行杂交，实现性状的聚合。例如，抗鳞翅目昆虫与抗草甘膦的杂交产生了兼具双抗性状的BT11×GA21玉米品种；而

BT11×MIR162×MIR604×GA21 则进一步拓展了抗性范围，不仅抗多种除草剂，还对鞘翅目和多种鳞翅目昆虫具有抗性。此外，MON810×LY038 玉米通过杂交获得了高赖氨酸含量和抗虫特性，MON863×MON810 玉米则兼具抗鞘翅目和鳞翅目昆虫的能力，NK603×T25 玉米则表现出对草丁膦和草甘膦的双重耐受性。尽管该方法在转基因表达稳定性方面具有优势，但其操作过程耗时较长，且由于基因不连锁，后代中易发生性状分离，增加了筛选自交系的难度。

分子复合技术则主要通过多基因单载体共转化法实现。该方法利用基因枪或农杆菌转化技术，将多个目标基因整合至单一表达载体上，每个基因均配备独立的表达框，从而实现一次转化即可获得多个目标基因的表达。随着基因数目的增加，载体的容量限制可能成为技术瓶颈，同时多个启动子的使用也可能引发基因沉默现象，影响转基因的表达效率。

第四节　耐盐耐旱基因工程

一、渗透调节基因工程

渗透调节基因工程在植物耐逆性改良领域具有显著的应用价值。通过引入外源基因调控渗透保护物质的合成与积累，可有效提升植物对干旱、盐胁迫等逆境条件的适应性。刘岩等（1998）首次将大肠杆菌 6-磷酸山梨醇脱氢酶基因 *gutD* 导入玉米基因组，成功实现了山梨醇的异源合成与积累，显著提高了转基因植株的耐盐性。李慧芬等（1999）通过甜菜碱醛脱氢酶基因的转化，进一步证实了渗透调节基因在玉米耐盐性改良中的重要作用。Jeanneau 等（2002）的研究表明，*C4-PEPC* 基因在玉米中的过表达可显著增强植株的耐旱能力。Quan 等（2004）通过引入细菌甜菜碱合成酶基因 *betA*，使转基因玉米同时获得了耐旱性和耐冷性的双重提升。Nuccio 等（2015）的研究则证实，海藻糖-6-磷酸磷酸酯酶（TPP）基因在玉米中的过表达可显著提高植株的耐逆性。

二、编码转录因子的调节基因工程

植物转录因子基因在基因组中占据显著比例，依据其 DNA 结合结构域的特异性，可将其系统分类为近 60 个不同的家族研究表明，NAC、bZIP、

AP2/EREBP、WRKY、MYC 和 MYB 等转录因子家族在干旱胁迫下的基因表达调控中发挥关键作用。Zhang 等（2011）通过克隆玉米基因组中的 bZIP 和 bHLH 基因家族成员，鉴定出 7 种与 *CAT1* 基因 ABRE 顺式元件特异性结合的转录因子，其中，*ABP9* 基因的转基因拟南芥表现出显著增强的抗逆性。Qin 等（2007）通过过表达玉米中的 *ZmDREB2A* 基因，显著提升了植株的耐旱性与耐热性。Zhang 等（2010）在玉米中引入盐生植物盐芥的 *TsCBF1* 基因，有效增强了转基因玉米的耐旱能力。Ma 等（2018）分别通过过表达 *ZmbZip4* 和 *ZmASR1* 转录因子基因，促进了玉米根系发育，并显著提升了植株的耐盐性与耐旱性，其机制涉及 ABA 合成及信号转导途径的调控。Nelson 等（2007）将 *ZmNF-YB2* 基因转入玉米，显著提高了植株在干旱条件下的水分利用效率。Wang 等（2018）通过将 *ZmNF-YB16* 基因转入玉米自交系，不仅增强了植株的耐旱性，还显著提高了产量。

三、信号转导蛋白基因工程

磷脂酰肌醇代谢途径在植物生长发育及逆境响应中具有关键调控作用。研究表明，该途径通过影响膜脂组成及信号转导，显著提升植物的抗逆能力。Liu 等（2013）通过调控玉米磷脂酰肌醇合成酶基因（*ZmPIS*）的表达水平，证实其过表达可促进膜脂中不饱和脂肪酸的积累，增强膜系统稳定性，进而显著提高玉米的干旱耐受性。Wang 等（2008）的研究进一步表明，玉米磷脂酶 C 基因（*ZmPLC1*）的过表达不仅能够改善膜脂组成，还可同时增强植株对干旱、盐胁迫及低温等多种逆境的适应能力。Shou 等（2004）通过将烟草 NPK1 蛋白激酶基因导入玉米，证实 MAPKKK 级联反应在植物抗旱机制中发挥重要作用。

四、离子调节及激素信号转导基因工程

在植物应对环境胁迫的生理过程中，维持细胞内离子稳态是至关重要的调控机制。研究表明，通过基因工程技术改良植物离子转运系统，可显著增强其抗逆能力。Yin 等（2004）通过将拟南芥中编码液泡膜 Na^+/H^+ 反向转运蛋白基因 *NXH1* 导入玉米基因组，证实该基因能够有效调控细胞内的钠离子稳态，从而提升玉米植株的耐盐性。Li 等（2008）将盐芥来源的 *TsVP* 基因转入玉米后，该基因不仅促进了根系系统的发育，还显著增强了植株的耐旱性。Wang 等（2008）运用全基因组关联分析技术，成功鉴定出玉米液泡型 H^+ 焦磷酸酶基因 *ZmVPP1*，该基因与干旱胁迫抗性呈现显著正

相关，其过表达显著提高了玉米幼苗期的耐旱性。Li 等（2008）基于生长素极性转运相关基因的功能研究，构建了 *ZmPIN1a*、*ZmPIN1b* 的正、反向表达载体，并将其导入玉米优良自交系中，获得了具有耐低磷和耐旱特性的转基因玉米品系。

第五节 抗病基因工程

一、抗病毒基因工程

植物抗病毒病基因工程领域已发展出多种成熟的技术路径，主要包括病毒外壳蛋白基因的导入、病毒非结构蛋白基因的利用、病毒卫星 RNA 的引入、人工构建的缺失干扰元件的应用、植物内源抗病毒基因及动物干扰素基因的整合，以及反义 RNA 或 RNAi 介导的病毒基因沉默机制。在这些技术中，病毒外壳蛋白（CP）基因和复制酶基因的导入策略尤为突出，并已取得显著成效。CP 基因的导入通过表达病毒外壳蛋白，使入侵病毒的裸露核酸在植物细胞内被自由 CP 包裹，从而抑制其翻译与复制，赋予转基因植物抗病毒能力。Murry 等（1993）首次将玉米矮花叶病毒 B 株系的 *CP* 基因导入玉米，成功培育出抗病转基因玉米，验证了这一机制的有效性。病毒复制酶作为病毒非结构蛋白，通常在病毒核酸进入寄主细胞并与核糖体结合后形成。复制酶基因的表达可显著提升植物的抗病毒特性，但其具体作用机制尚未完全阐明。白云凤等（2007）通过构建 SCMV 复制酶基因反向重复序列表达载体，利用农杆菌介导法转化玉米自交系幼胚，成功获得部分抗病性增强的转基因株系。雷海英等（2008）则通过花粉管介导法将矮花叶病病毒复制酶基因导入感病玉米自交系，进一步验证了该策略的可行性。

植物病毒在宿主细胞内的扩散主要通过两种途径：一是通过维管组织进行系统转移（长距离移动），二是通过胞间连丝在细胞间移动（短距离移动）。病毒在细胞间的移动是一个主动过程，依赖于病毒编码的运动蛋白（MP）。病毒粒子的体积远超过胞间连丝允许通过的物质极限，但 MP 能够与胞间连丝结合，扩大其孔径，促进病毒粒子或基因组进入邻近细胞。若转基因植物表达功能缺失的 MP，其可与病毒野生型 MP 竞争胞间连丝上的结合位点，从而干扰病毒 MP 的功能，阻止病毒在细胞间移动，避免系统感染，提升植物的抗病性。杜建中等（2008）通过花粉管介导法将 RDV 运动蛋白缺陷型（RDVMP）基因导入玉米自交系，发现转基因植株在田间并未完全表现出抗病性，这可能与目的基因的表达水平及环境因素密切相关，需进一步研究验证。

反义 RNA 是一种能与 mRNA 碱基互补配对的单链 RNA。将特定基因反向插入植物表达载体并导入植物体内后，转录生成的 RNA 与内源 mRNA 结合形成复合物，进而被降解或抑制翻译，阻断病毒关键序列的表达，抑制病毒侵染。该方法可针对 *CP* 基因、复制酶基因或其他病毒基因组成分进行设计。目前，表达 TMV、PVX、CMV 的 *CP* 反义 RNA 的转基因马铃薯、烟草等植株已成功培育，但其抗性表现较弱，显著低于正义 *CP* 基因介导的抗性。RNAi 由 Fire 等（1998）首次提出，是植物长期进化形成的防御机制，用于维持基因组稳定性。然而，天然 RNAi 系统无法完全抵御特定病毒的侵染。因此，可通过人工设计病毒序列的双链结构，导入植物体内表达 dsRNA，诱导 RNAi，使侵染病毒基因发生沉默，从而获得高抗性转基因植物。基因沉默机制包括转录后水平沉默、特定基因甲基化（转录水平沉默）及翻译水平沉默。白云凤等（2007）基于 RNAi 原理，将甘蔗花叶病病毒复制酶基因通过农杆菌介导法导入玉米自交系，成功培育出高抗植株，证实了 RNAi 技术在玉米抗矮花叶病基因工程中的应用潜力。Liu 等（2017）分离鉴定了编码非典型硫氧还蛋白的抗甘蔗矮花叶病病毒基因 *ZmTrxh*，其编码蛋白通过保护寄主蛋白免受病毒蛋白攻击并削弱病毒蛋白功能，抑制 SCMV 的复制，显著提升植株对 SCMV 的抗性。

二、抗真菌病害基因工程

病原真菌对植物组织的侵染过程主要涉及酶促与机械两种机制。在孢子萌发及侵染阶段，真菌分泌多种水解酶，如角质酶、纤维素酶、果胶酶及蛋白酶等，其中角质酶在降解植物角质层过程中发挥关键作用，是病原真菌成功侵染寄主的重要因子。此外，甘油等物质在角质层中形成的渗透压梯度也为机械侵入提供了必要条件。植物则通过多种防御机制应对病原物的侵袭，这些机制涵盖物理屏障与化学防御两个方面。在物理屏障层面，植物细胞壁的角质、蜡质、木质素以及特殊的气孔结构构成了第一道防线。在化学防御方面，植物能够合成多种抗病化合物，包括植保素、生氰糖苷、毒性脂肪酸、过氧化物酶、多酚氧化酶、苯丙氨酸解氨酶、抗真菌蛋白、几丁质酶、葡聚糖酶、蛋白酶抑制剂、核糖体失活蛋白及病程相关蛋白等，这些物质通过不同途径抑制病原物的生长与扩散。

当植物遭遇病原物侵染时，会启动一系列防御反应，包括活性氧的释放、防御基因的表达、过敏反应及系统获得抗性等。防御基因的表达产物主要包括过氧化物酶、细胞壁蛋白、蛋白酶抑制剂及水解酶等，这些物质在抵御病原物侵染中发挥重要作用。过敏反应是植物对非亲和性病原菌的局部防御反应，表现为侵染部位细胞的快速死亡，同时诱导周围细胞合成抑制病原菌生长的物质，从而限制病原菌的扩散。系统获得抗性则是植物在局部防御反应基础上发展出的整体抗性机制，通过信号分子的传递，诱导整个植株防御基因的表达，从而增强对多种病原菌的抵抗能力。

在分子层面，植物抗病机制遵循基因对基因假说，这一假说已被大量研究所证实。目前，已从不同植物中克隆出近百个抗病基因，这些基因针对细菌、真菌、病毒及线虫等病原物，其编码产物具有保守的结构域。根据这些结构域的特点，抗病基因可分为 NBS-LRR 类抗病基因、PK（蛋白激酶）类 R 基因、只具有 LRR 结构域的 R 基因、毒素—解毒素类和广谱抗性类 R 基因四大类。基于对植物抗病分子机理的深入理解，植物抗真菌病害基因工程可通过多种技术路线实现，为作物抗病育种提供了新的策略。

（一）利用植物抗病基因及病原物无毒基因

植物抗病性的提升可通过调控与抗病信号传递相关的基因实现，这一策略在分子生物学领域具有显著的应用价值。依据基因对基因理论，植物抗病反应的激活依赖于抗病基因产物与病原菌无毒基因产物之间的特异性识别。通过对 R 基因的系统分析，研究发现这类基因具有高度的保守性，且其功能域结构呈现出显著的共性特征。基于这一特性，可利用已知 R 基因的结构框架进行新型抗病基因的设计与构建。在病原菌无毒基因的利用方面，当前研究主要集中于其克隆与转基因技术的应用。此外，将病原菌无毒基因与相应植物的抗病基因共同导入宿主植物，可在特定条件下实现两者的协同表达，进而通过分子间的相互作用激活植物的抗病机制。在作物抗真菌基因工程中，可供选择的 R 基因类型多样，其应用范围涵盖多种病原菌的防控，为作物抗病育种提供了重要的分子基础。

1. NBS-LRR 类抗病基因

NBS-LRR 类抗病基因编码的蛋白质普遍具有核苷酸结合位点（NBS）和富含亮氨酸重复序列（LRR）的结构域。根据 N 端结构域的差异，该类基因可进一步划分为 LZ-NBS-LRR 和 TIR-NBS-LRR 两大亚类。TIR-NBS-LRR 亚类中的代表性基因包括 *RPP5*、*N*、*M*、*L6*、*RPP1*、*RPS4* 等。以 *N* 基因为例，其编码的蛋白质在氨基酸位点 590～928 区域包含 4 个 LRR 结构域，与果蝇 Toll 蛋白的 854～998 氨基酸区域具有 55% 的相似性。此外，*N* 基因还编码 3 个 ATP/GTP 结合位点，其中，氨基酸位点 216～223 区域包含 1 个典型的 p-loop 结构。

2. PK 类 *R* 基因

PK 类抗病基因编码的蛋白质主要包含蛋白激酶（PK）结构域，代表性基因包括 *Pbs1*、*Pto*、*Rpg1*、*Xa21*、*Xa26* 等。其中，*Pbs1* 和 *Pto* 基因编码的蛋白质仅含有单一的 PK 结构域，属于丝氨酸—苏氨酸类受体蛋白激酶。*Rpg1* 基因则编码含有 PK/PK 双激酶结构域的丝氨酸/苏氨酸类受体蛋白激酶。

3. 只有 LRR 结构域的 *R* 基因

只有 LRR 结构域的 *R* 基因，如 *Cf-9*、*Cf-2*、*Cf-4*、*Cf-5*、*Hs1* 等，其 LRR 结构域具有较大的均匀性和一致性。以 *Cf-9* 基因为例，其编码的蛋白质不仅能够与 aw9 肽结合，还能与其他蛋白质相互作用，参与植物防御反应中的信号传递。Cf-9 蛋白的详细结构包括 7 个结构域，其中氨基端含有一个信号肽和一个富含半胱氨酸的结构域，第三个结构域包含 28 个 LRR 结构第六个结构域则含有一个跨膜结构域。

4. 毒素—解毒素类和广谱抗性类 *R* 基因

毒素—解毒素类和广谱抗性类 *R* 基因的抗病机制与传统的基因对基因模式不同。在毒素—解毒素模式中，病原物产生的毒素是致病的主要因素，如玉米小斑病和稻瘟病。抗性基因编码的蛋白质能够解除毒素的危害，例如玉米圆斑病抗性基因 *Hm1* 编码的 NADPH 依赖型 HC 毒素还原酶，能够将真菌产生的 HC 毒素还原为无毒形式。该酶在多种禾谷类作物中广泛存在，其氨基酸序列在大麦和玉米中具有 80% 以上的相似性。

（二）导入病程相关蛋白基因增强植株抗病性

病程相关蛋白（PR）是一类由植物寄主基因编码的蛋白质，其在植物遭受病原物侵染时被特异性诱导表达，并在植物防御机制中发挥关键作用。PR 蛋白与植物的系统获得性抗性（SAR）及系统诱导性抗性（ISR）具有密切关联，是植物免疫反应的重要组成部分。根据现有研究，PR 蛋白可划分为 17 个类别，其中，几丁质酶和葡聚糖酶等类别的研究较为深入。通过分子生物学技术，PR 蛋白编码基因可被导入植物基因组，并通过过表达策略显著提升植物的抗病能力。

玉米病害发生机制及抗病机理具有高度复杂性，这导致玉米抗病基因工程的研究进展相对缓慢。针对玉米抗真菌病害的研究已取得一定成果，克隆并鉴定了多个关键抗病基因。例如，圆斑病抗性基因 $hm1$、锈病抗性基因 $rp1d$、抗禾谷镰刀菌茎腐病基因 $ZmCCT$、抗灰斑病基因 $qRgls2$ 以及抗丝黑穗病基因 $ZmWAK-RLK$ 等。这些基因的发现为解析玉米抗病分子机制及开发抗病育种策略提供了重要理论基础。然而，玉米抗病基因功能的深入研究及其在育种实践中的应用仍面临诸多挑战，需进一步结合基因组学、转录组学及蛋白质组学等多组学技术，以全面揭示其抗病机制并推动抗病育种的精准化发展。

第六节 产量及品质改良基因工程

一、玉米淀粉特性改良的基因工程

淀粉作为玉米籽粒的核心构成物质，不仅是人类膳食结构中的基础性成分，更是现代食品工业和化学工业的关键性原料。随着淀粉加工技术的革新与产业化进程的加速，其应用领域持续扩展，特别是在生物燃料乙醇生产领域的广泛应用，直接推动了淀粉需求的指数级增长。淀粉产业的可持续发展主要受制于两大核心要素：产量水平与结构特性。

在禾谷类作物胚乳中，淀粉的生物合成过程是一个由多酶系统协同催化的复杂生化反应网络。这一网络主要由四大酶类构成：腺苷二磷酸葡萄糖焦磷酸化酶（AGPase）、淀粉合成酶（SS）、淀粉分支酶（SBE）以及淀粉去分支酶（DBE）。这些酶类均包含多个家族成员，各成员在淀粉合成过程中执行特定的功能，通过精确的分工协作实现淀粉分子的有序合成。通过对比分析不同胚乳突变体在籽粒发育阶段的碳水化合物组分变化，研究者发现 $bt1$、$bt2sh2$、$su1$ 等基因能够显著抑制胚乳组织中的淀粉积累，通过限制底物供应来调控淀粉合成，同时导致还原糖、蔗糖或水溶性多糖含量的显著提升，这类基因被定义为淀粉缺陷型胚乳突变基因。相对地，wx、

$su2$、du、ae 等基因虽然对胚乳淀粉总量影响较小，但能够显著改变淀粉的化学性质与物理特性，影响籽粒发育进程、成熟籽粒表型、淀粉形态学特征以及酶活性水平，这类基因被归类为淀粉修饰型胚乳突变基因，为淀粉品质的遗传改良提供了重要的种质资源。

通过调控胚乳内淀粉合成相关基因的表达水平及其酶活性，可以实现对玉米淀粉特性与含量的定向修饰。SBE 在调控淀粉分支度方面发挥核心作用，其家族成员在控制分支点数、分支链长度以及直链/支链比例等方面具有独特的功能特性。位于第 5 染色体长臂的 ae 基因编码淀粉分支酶 SBEIIb，其纯合突变体活性仅为正常型的 20%，导致胚乳直链淀粉含量显著上升。在玉米淀粉性状改良研究中，多个研究团队基于淀粉分支酶基因序列设计了 dsRNA 结构，通过其在胚乳中的特异性表达，成功培育出高直链淀粉籽粒。相关研究表明，SBEII RNAi 转基因株系中不仅显著提高了直链淀粉含量，同时改变了支链淀粉的链长分布特征。通过对不同 SBEII RNAi 转基因株系的遗传稳定性分析，证实了 SBEIIa 和 SBEIIb 活性的降低对直链淀粉含量、淀粉分支链长度分布以及淀粉粒形态具有显著影响。

抑制 Du 基因表达以降低 SSS 活性，也可提高玉米籽粒直链淀粉的含量。Du 基因可能是一种调节基因，Du 基因可能编码某种类似于 SR 蛋白的剪接蛋白因子，通过与 Wx^b 前体 mRNA 可能的剪接增强子结合，并在 Wx^b 基因的 2 个隐蔽剪接位点处形成稳定的复合体，从而引导 Wx^b 前体 mRNA 的剪接。降低其编码产物的活性，从而造成直链淀粉所占的比例和胚乳淀粉的总贮量减少。

位于玉米第 9 染色体短臂的 Wx 基因，能使尿苷二磷酸葡萄糖（UDPG）转移酶活性降低，不能直接合成直链淀粉，籽粒淀粉几乎 100% 为支链淀粉。抑制 Wx 表达即抑制 GBSS（颗粒结合型淀粉合成酶）的活性，可提高支链淀粉含量。

二、玉米籽粒品质改良的基因工程

（一）提高玉米籽粒赖氨酸含量的基因工程

在玉米籽粒中提升赖氨酸含量的生物技术策略主要围绕基因工程与代谢调控展开，具体可分为四大类：一是通过基因编辑技术对蛋白质编码基因进行改造，或人工合成富含赖氨酸的蛋白质基因，从而直接提升转基因籽粒的赖氨酸水平；二是将优质蛋白基因导入玉米基因组，利用外源基因在籽粒中的高效表达，改善玉米蛋白的整体品质；三是通过遗传修饰赖氨酸的合成与代谢途径，优化其生物合成效率，进而提高籽粒中赖氨酸的含量；四是利用突变体筛选技术，创造高赖氨酸含量的玉米突变体，为育种提供新的遗传资源。

在基因工程领域，RNAi 技术被广泛应用于调控玉米籽粒中赖氨酸的合成。Houmard 等（2007）通过 RNAi 技术沉默 *LKR/SDH* 基因，使转基因玉米籽粒中游离赖氨酸含量提升至 0.65 mg/g（干重），显著高于野生型的 0.3 mg/g。Segal 等（2003）通过沉默 22 kD *α-zein* 基因，成功提高了赖氨酸含量，并观察到籽粒呈现 opaque 表型。Yue 等（2014）从陆地棉中克隆了高赖氨酸蛋白基因 *GhLRP*，并通过种子特异性启动子驱动其在玉米中的表达，显著提升了后代籽粒的赖氨酸水平。Wu 等（2014）则结合 RNAi 技术与绿色荧光蛋白标记，加速了优质蛋白玉米的选育进程。李婉蓉（2015）的研究进一步证实，通过沉默玉米自交系中的 *EFla* 和 *EF2* 基因，并与高赖氨酸株系杂交，可显著降低非醇溶蛋白含量，同时提升总淀粉含量。

尽管通过调控醇溶蛋白表达可获得高赖氨酸玉米，但其胚乳通常呈现粉质特性，限制了直接应用。然而，这些转基因株系在育种中具有重要价值。孟山都研发的 Mavrea™ YieldGard 和 RenessenLLC（荷兰）Mavera™ 研发的 LY038 高赖氨酸玉米品种已在多个国家商业化，主要用于动物饲料。LY038 通过特异性表达谷氨酸棒状杆菌中的 DHDPS 酶，使籽粒中游离赖氨酸含量达到 0.96 mg/g（干重），远高于野生型的 0.05 mg/g（干重）。

在代谢调控方面，赖氨酸的合成与分解途径已被深入研究。玉米中的天冬氨酸激酶（AK）作为单功能酶，受赖氨酸的反馈抑制调控。通过突变 *Ask1* 和 *Ask2* 基因，可使 AK 对赖氨酸的敏感性降低，从而增加游离赖氨酸含量。此外，双功能酶 AK-HSDH 受苏氨酸的反馈抑制调控，但其对赖氨酸含量的影响较为复杂。Brunelle 等（2014）指出，尽管 AK 活性受到抑制，但 DHDP 的反馈抑制机制仍可能限制赖氨酸的积累。通过表达反馈不敏感的 DHDP 酶，可显著提升叶片和种子中的赖氨酸浓度。此外，降低赖氨酸还原酶的表达或转移富含赖氨酸的外源蛋白，如马铃薯花粉特异性蛋白，也可显著提高玉米籽粒的赖氨酸含量。

（二）高甲硫氨酸玉米的培育

玉米种子蛋白质中醇溶蛋白占比高达 70%，然而此类蛋白质的含硫氨基酸含量显著偏低，其中甲硫氨酸与半胱氨酸的总量仅占蛋白质的 4.7%。

甲硫氨酸作为必需氨基酸，不仅是 mRNA 翻译过程的起始因子，同时也是多种生物活性化合物的前体，在细胞代谢中发挥着不可替代的作用。为提升玉米籽粒中甲硫氨酸的含量，目前的研究主要聚焦于代谢途径的调控以及富含甲硫氨酸蛋白的高效表达策略。

甲硫氨酸的代谢过程可分为合成与分解两个主要途径。在合成代谢中，γ-胱硫醚合成酶（CGS）是调控甲硫氨酸合成的关键酶，其与苏氨酸合成酶（TS）共同竞争磷酸高丝氨酸作为底物，从而调控甲硫氨酸与苏氨酸的合成比例。体外实验显示，TS 对底物的亲和力显著高于 CGS，体外实验中 TS 的亲和力为 CGS 的 500 倍，体内实验进一步证实了这一现象。此外，TS 的亲和力还受到甲硫氨酸分解产物 S-腺苷甲硫氨酸（SAM）的正向调控。CGS 的活性不仅受到 MTO（丝氨酸/苏氨酸蛋白激酶）的转录后调控，还受到 N 端氨基酸的翻译后修饰影响。植物体内为维持氨基酸代谢平衡，通常会抑制 CGS 的转录与翻译水平。当 *MTO* 基因发生缺失或突变时，这种抑制作用减弱，从而导致甲硫氨酸含量的提升。这一机制为通过基因工程手段提高甲硫氨酸含量提供了理论依据。

然而，甲硫氨酸代谢的调控机制极为复杂，目前尚未完全阐明。特别是在不同植物中，其调控机制是否与拟南芥相似仍存在较大争议。尽管如此，随着分子生物学与代谢组学研究的不断深入，通过精准调控甲硫氨酸代谢途径来提升玉米籽粒中甲硫氨酸含量，仍具有广阔的应用前景。未来的研究需进一步探索相关代谢网络的关键节点，并结合多组学技术，为玉米营养品质的改良提供科学依据。

（三）高类胡萝卜素玉米的培育

类胡萝卜素作为一类重要的萜类化合物，广泛分布于植物细胞器内，主要定位于叶绿体及有色体等质体中。其在植物生理过程中发挥多重功能，不仅参与光合作用中的光能捕获与抗氧化保护机制，还作为信号分子前体参与植物对环境胁迫的响应。研究表明，类胡萝卜素在植物生长发育过程中具有多重生物学效应，包括调控光形态建成、介导非光化学淬灭、参与脂质过氧化反应以及吸引传粉媒介等。值得注意的是，类胡萝卜素代谢与植物激素生物合成途径存在密切联系，既参与传统激素如脱落酸的合成，也涉及新型激素如独角金内酯的生成。

在动物系统中，类胡萝卜素作为必需营养素，具有重要的生理功能，但由于缺乏合成能力，必须通过膳食途径获取。类胡萝卜素家族成员众多，其生物学功能呈现多样性，其中，β-胡萝卜素作为维生素A的前体物质，在维持视觉系统功能、促进组织修复以及调节免疫应答等方面发挥关键作用。

玉米籽粒中含有丰富的类胡萝卜素，主要包括α-胡萝卜素、β-胡萝卜素、β-隐黄质、叶黄素和玉米黄质等。这些化合物中，α-胡萝卜素、β-胡萝卜素、β-隐黄质均具有维生素A原活性，其中，β-胡萝卜素的转化效率最为显著，其分子结构中含有两个β-环，理论上可转化为两分子维生素A。因此，通过遗传改良提高玉米中β-胡萝卜素含量已成为重要的育种目标。

随着类胡萝卜素生物合成途径的逐步阐明，为利用基因工程技术改良玉米类胡萝卜素含量提供了理论依据。研究表明，类胡萝卜素合成途径的限速步骤由八氢番茄红素合酶（PSY）调控。在玉米基因组中存在3个 *PSY* 基因，分别具有不同的组织特异性表达模式，*PSY1* 主要在胚乳中表达，*PSY2* 在叶片中发挥作用，*PSY3* 参与非生物胁迫响应及根部脱落酸合成。通过对这些基因的调控，可实现类胡萝卜素含量的定向改良。

在类胡萝卜素合成途径中，番茄红素β-环化酶（LycB）和番茄红素ε-环化酶（LycE）是两个关键的分支点酶，其相对表达强度直接影响下游代谢产物的积累。基于这一原理，研究者通过基因工程手段对玉米进行遗传改良，取得了显著进展。例如，通过导入细菌来源的 *CrtB* 和 *CrtI* 基因，可使玉米总类胡萝卜素含量提高34倍。其中，β-胡萝卜素含量显著增加。进一步研究表明，将多个代谢途径相关基因（如抗坏血酸代谢基因、叶酸代谢基因）共同导入玉米，可实现多营养素的协同改良。其中，β-胡萝卜素可提高169倍。此外，通过基因枪法将多个来源不同的类胡萝卜素合成相关基因导入玉米，并利用胚乳特异性启动子进行表达调控，可使类胡萝卜素总量提高13.3倍，其中，β-胡萝卜素含量增加41倍。这些研究为通过代谢工程策略提高玉米营养价值提供了重要技术支撑，对改善人类营养状况具有重要的实践意义。

参考文献

白鹏飞，张世煌，张德贵，等，2011．利用SSR分子标记辅助选择构建QPM近等基因系［J］．玉米科学，19（5）：32-38．

白岩，高婷婷，卢实，等，2023．近四十年来我国玉米大品种的历史沿革与发展趋势［J］．作物学报，49（8）：2064-2076．

白云凤，杨红春，曲琳，等，2007．抗甘蔗花叶病毒的无标记反向重复转基因玉米［J］．作物学报，33（6）：973-978．

才卓，徐国良，郭琦，等，2018．基于自然加倍为主体的DH双轮回选择玉米育种技术体系的构思［J］．玉米科学，26（1）：1-7．

才卓，徐国良，郭琦，等，2023．玉米单倍体自然加倍双轮回育种体系的探索［J］．玉米科学，31（3）：1-8．

才卓，徐国良，刘向辉，等，2007．玉米高频率单倍生殖诱导系吉高诱系3号的选育［J］．玉米科学，15（1）：1-4．

才卓，徐国良，任军，等，2016．玉米单倍体雄穗自然加倍性轮选遗传修复与高加倍率材料的创制［J］．玉米科学，24（4）：1-6．

蔡泉，曹靖生，史桂荣，等，2012．几个不同来源玉米单倍体诱导系诱导效果的研究［J］．玉米科学，20（4）：19-21．

蔡鑫茹，栾天宇，尹晓红，等，2023．旅大红骨种质在吉林省玉米育种中的利用潜力分析［J］．玉米科学，31（2）：16-24．

蔡一林，何晓阳，1995．玉米单交种和地方品种的辐射效应及亲子相关性研究［J］．核农学报，9（2）：81-85．

陈国平，赵仕孝，杨洪友，等，1988．玉米涝害及其防御措施的研究——Ⅰ、芽涝对玉米出苗及苗期生长的影响［J］．华北农学报，3（2）：14-19．

陈坚剑，张慧，王婷甄，等，2022．甜玉米自交系遗传多样性和群体结构分析［J］．分子植物育种，20（19）：6559-6565．

陈景堂，2011．玉米×Teosinte远缘杂种后代重要性状的表型及遗传分析［D］．保定：河北农业大学．

陈庆华，1983．关于当前玉米育种的若干问题［J］．沈阳农学院学报（2）：

98-104.

陈绍江, 黎亮, 李浩川, 等, 2012. 玉米单倍体育种技术 [M]. 2版. 北京: 中国农业大学出版社.

陈绍江, 宋同明, 2002. EMS花粉诱变获得高油玉米突变体 [J]. 中国农业大学学报, 7 (3): 12.

陈绍江, 宋同明, 2003. 利用高油分的花粉直感效应鉴别玉米单倍体 [J]. 作物学报, 29 (4): 587-590.

陈永强, 王雅菲, 谢惠玲, 等, 2024. 黄淮海地区夏玉米育种目标与策略 [J]. 作物学报, 50 (12): 2917-2924.

陈泽辉, 吴迅, 王安贵, 等, 2021. 超亲优势数量遗传学理论推导及其在玉米育种中的应用 [J]. 西南农业学报, 34 (6): 1131-1137.

陈泽辉, 吴迅, 祝云芳, 等, 2020. 杂种优势的数量遗传学理论及其在玉米育种中的应用 [J]. 玉米科学, 28 (5): 1-7.

陈泽辉, 祝云芳, 王安贵, 等, 2013. 玉米 Tuxpeno-Reid 和 Suwan-Lancaster 合成群体相互轮回选择效果及杂种优势研究 [J]. 玉米科学, 21 (4): 1-5, 10.

崔亚俊, 翟志文, 王超, 等, 2022. 不同遗传背景自交系玉米根系微生物组差异比较 [J]. 合肥工业大学学报 (自然科学版), 45 (5): 687-693.

丹东市农业科学研究所, 1983. 优良玉米自交系 "330" [J]. 种子世界 (8): 25.

丁群星, 谢友菊, 戴景瑞, 等, 1993. 用子房注射法将 Bt 毒蛋白基因导入玉米的研究 [J]. 中国科学 (B辑), 23 (7): 707-713.

董雷, 库丽霞, 陈彦惠, 等, 2015. Ac/Ds 转座子系统及其在玉米突变体库构建中的应用 [J]. 玉米科学, 23 (2): 1-6.

杜比宁, 1964. 辐射遗传问题 [M]. 复旦大学遗传学研究所, 译. 上海: 上海科学技术出版社.

杜建中, 孙毅, 王景雪, 等, 2008. 基于花粉介导法转化的玉米自交系抗病植株的获得 [J]. 中国农学通报, 24 (5): 79-82.

段运平, 陈卫国, 李明顺, 等, 2006. 利用 SSR 标记分析 27 个玉米群体的遗传关系 [J]. 中国农业科学, 39 (6): 1102-1113.

方瑞秋, 王斌, 陈晓龙, 等, 2022. CCT 基因调控热带甜玉米光周期敏感性 [J]. 分子植物育种, 20 (22): 7439-7445.

冯健英, 许洛, 李中建, 等, 2020. 高产、多抗玉米新品种德丰 C919 选育及育种思路探讨[J]. 种子, 39（3）：128-131.

冯炱, 杨婧, 王宜壮, 等, 2024. 青贮玉米自交系主要农艺性状与产量性状分析[J]. 种子, 43（8）：85-92.

冯宣军, 潘立腾, 熊浩, 等, 2022. 南方地区 120 份甜、糯玉米自交系重要目标性状和育种潜力分析[J]. 中国农业科学, 55（5）：856-873.

付迎军, 任海祥, 白艳凤, 等, 2005. 玉米未授粉子房离体培养及植株再生[J]. 玉米科学, 13（1）：33-35, 38.

盖钧镒, 2006. 作物育种学各论[M]. 北京：中国农业出版社.

高洪敏, 周旭梅, 徐娥, 等, 2022. 基于玉米新品种丹玉 311 选育的种质创新思考[J]. 玉米科学, 30（1）：33-38.

高山, 闫晓翠, 王楠, 等, 2024. 基于 10K SNP 芯片分析 255 份玉米种质资源的遗传多样性[J]. 中国农业科技导报, 26（8）：20-33.

高文伟, 李晓辉, 田清震, 等, 2004. 利用 SSR 标记快速鉴定玉米杂交种农大 108 和豫玉 27 的种子纯度[J]. 种子, 23（5）：32-33.

宫捷, 孙磊磊, 张丽萍, 等, 2019. 甜糯双隐性基因型玉米种质的创制与评价[J]. 华南农业大学学报, 40（2）：6-13.

谷侃锋, 曹彩霞, 邹媛媛, 2018. 玉米籽粒自动分离装置优化设计[J]. 机械设计与制造（4）：61-64.

关淑艳, 费建博, 刘智博, 等, 2018. 分子标记辅助选择（MAS）在玉米抗逆育种中的应用[J]. 吉林农业大学学报, 40（4）：399-407.

郭宝健, 隋志鹏, 李洋洋, 等, 2013. 玉米杂交种与亲本苗期叶片差异表达蛋白谱分析[J]. 中国农业科学, 46（14）：3046-3054.

郭乐群, 谷明光, 杨太兴, 等, 1997. 药物诱导玉米远缘杂种孤雌生殖获得异源种质纯系及其育种研究[J]. 遗传学报, 24（6）：537-543.

郭书磊, 魏昕, 魏良明, 等, 2020. 玉米单倍体诱导、加倍技术及相关机理探讨[J]. 玉米科学, 28（3）：52-59, 65.

郭向阳, 胡兴, 祝云芳, 等, 2019. 热带玉米 Suwan1 群体导入不同类型温带种质的遗传分析[J]. 玉米科学, 27（4）：9-13, 21.

郭向阳, 王安贵, 吴迅, 等, 2019. 热带玉米 Tuxpeno 种质形成、改良及育种潜势分析[J]. 玉米科学, 27（2）：10-15.

贺囡囡, 冯云敢, 蒙云飞, 等, 2021. 利用 SNP 标记及配合力划分超甜玉米自交系的杂种优势群[J]. 植物遗传资源学报, 22（1）：165-173.

赫福霞, 郎志宏, 陆伟, 等, 2008. 以耐草甘膦 *2mG2-epsps* 基因为选择标记的玉米转化体系的建立［J］．生物技术通报（5）：92-97．

侯先颖，2017．几种糯玉米单倍体化学加倍方法的研究［J］．种子，36（11）：97-99．

胡俏强，周玲，潘玖琴，等，2021．基于玉米 50K 芯片分析鲜食玉米温 - 热带杂种优势模式及其育种利用［J］．江苏农业科学，49（5）：62-66．

季洪强，丁冬，付志远，等，2011．矮秆玉米自交系"82-3"穗部性状的遗传及利用评价［J］．河南农业大学学报，45（6）：630-633．

季洪强，刘慧，宋桂良，等，2012．玉米单倍体诱导与加倍方法研究［J］．河南农业大学学报，46（1）：11-15．

姜龙，牟琪，陈殿元，等，2019．先锋玉米种质改良系的配合力分析［J］．种子，38（5）：120-123．

雷海英，孙毅，王志军，等，2008．病毒复制酶基因介导玉米抗矮花叶病的研究［J］．华北农学报（5）：114-117．

黎杰强，陈舜权，严维，等，2020．甜玉米 EMS 突变体资源共享库的构建及初步鉴定［J］．植物遗传资源学报，21（3）：616-624．

黎亮，李浩川，徐小炜，等，2010．玉米孤雌生殖单倍体加倍技术研究进展［J］．玉米科学，18（1）：12-14，19．

黎亮，李浩川，徐小炜，等，2012．玉米孤雌生殖单倍体诱导效率优化方法研究［J］．中国农业大学学报，17（1）：9-13．

李芳芳，刘松涛，么大轩，等，2018．一个糯玉米突变体的遗传鉴定［J］．河北农业大学学报，41（1）：6-10．

李海军，池书敏，刘志增，等，2002．利用 EMS 化学诱变改造玉米自交系的研究［J］．玉米科学，10（3）：36-38．

李慧芬，何锶洁，王兴智，等，1999．玉米优良自交系愈伤组织基因枪转化的研究［J］．遗传学报，26（4）：397-402，445．

李见坤，2012．Mutator 介导的玉米籽粒突变体的鉴定［D］．北京：中国农业科学院．

李建新，席蒙慧，张嘉玮，等，2020．中国玉米品种及其亲本系谱数据库的创建与利用［J］．中国农业科学，53（16）：3404-3411．

李晶晶，张文洋，王利锋，等，2021．我国主推玉米品种亲本的遗传结构解析［J］．河南农业科学，50（1）：27-34．

李竞雄，1979．玉米品种群体改良［J］．河南科技参考（3）：9-16．

李竞雄，1980．玉米群体改良［J］．安徽农业科学（1）：8-16．

李芦江，陈文生，兰海，等，2014．利用SSR分子标记分析控制双亲混合选择改良玉米窄基群体的遗传多样性[J]．华北农学报，29（1）：78-82．

李冉冉，张秀英，李婷，等，2021．不同授粉方式下玉米籽粒品质性状的QTL定位[J]．西北农林科技大学学报（自然科学版），49（11）：115-124．

李圣彦，2011．农杆菌介导转Bt cry1Ah基因抗虫玉米的研究[D]．哈尔滨：东北农业大学．

李婉蓉，2015．玉米胚乳蛋白质组平衡相关基因EF1α/EF2的功能研究[D]．雅安：四川农业大学．

李秀诗，吴迅，刘鹏飞，等，2018．基于热带玉米种质改良群体的8个主要农艺性状评价[J]．种子，37（4）：62-65．

李学红，李冬玲，王家莲，等，2001．玉米茎尖培养研究（Ⅰ）——胚状体和丛生芽发生的扫描电镜观察[J]．潍坊学院学报（2）：47-50．

李永祥，李会勇，扈光辉，等，2017．玉米应用核心种质的构建与应用[J]．植物遗传资源学报，24（4）：911-916．

连晓荣，周文期，杨彦忠，等，2024．16个新选玉米自交系主要性状配合力及应用潜力分析[J]．分子植物育种，22（5）：1521-1531．

廖长见，张扬，陈伟，等，2021．优质超甜玉米新品种闽双色4号的选育[J]．福建农业学报，36（4）：386-393．

林红，2011．^{60}Co-γ射线辐照技术在玉米自交系选育上的应用及评价[J]．黑龙江农业科学（1）：13-15，18．

刘海忠，宋炜，王宝强，等，2018．120份欧美玉米自交系的遗传多样性分析[J]．植物遗传资源学报，19（4）：676-684．

刘杭，侯乐新，王方明，等，2021．我国青贮玉米育种现状和遗传改良策略[J]．玉米科学，29（1）：1-7．

刘纪麟，2002．玉米育种学[M]．北京：中国农业出版社．

刘金，郭婷婷，杨培强，等，2012．玉米单倍体核磁共振自动分拣系统的开发（英文）[J]．农业工程学报，28（S2）：233-236．

刘文婷，高友军，腾峰，等，2006．Mutator转座子介导的玉米插入突变体库的构建与遗传评价[J]．科学通报，51（17）：2030-2036．

刘新芝，彭泽斌，傅骏骅，等，1998．采用RAPD分子标记、表型和杂种优势聚类分析法对玉米自交系类群的划分[J]．华北农学报，13（4）：37-42．

刘兴龙，程林友，李天龙，等，2008．Bt杀虫蛋白基因cry8Ea2的克隆、表达和活性[J]．华北农学报，23（4）：1-4．

刘岩, 王国英, 刘俊君, 等, 1998. 大肠杆菌 gutD 基因转入玉米及耐盐转基因植株的获得 [J]. 中国科学（C 辑）(6): 542-547.

刘允军, 2004. 人工改造的 cry1Ac、cry1Ie 基因在大肠杆菌、转基因烟草和玉米中的表达 [D]. 北京: 中国农业大学.

刘志铭, 张晓龙, 兰进好, 等, 2021. 1979—2020 年我国玉米品种审定情况回顾与展望 [J]. 玉米科学, 29 (2): 1-7, 15.

刘志增, 宋同明, 1998. 玉米孤雌生殖诱导系 Stock6 的表现及其遗传改良初报 [J]. 中国农业大学学报, 3 (S3): 6-10.

刘志增, 宋同明, 2000. 玉米高频率孤雌生殖单倍体诱导系的选育与鉴定 [J]. 作物学报, 26 (5): 570-574.

刘志增, 宋同明, 滕文涛, 等, 2000. 玉米孤雌生殖诱导系的选育方法研究 [J]. 中国农业大学学报, 5 (3): 51-57.

卢柏山, 徐丽, 赵久然, 等, 2019. 京科糯 2000 等系列鲜食糯玉米品种选育及应用 [J]. 玉米科学, 27 (5): 1-4, 14.

卢媛, 韩晴, 艾为大, 等, 2020. 基于 SNP 标记的糯玉米种质资源遗传多样性分析 [J]. 玉米科学, 28 (3): 44-51.

鲁俊田, 任丽丽, 赵洪绪, 等, 2020. Iodent 玉米种质改良旅大红骨选系配合力及杂种优势利用研究 [J]. 玉米科学, 28 (6): 18-24.

罗瑶年, 刘玉敬, 王忠孝, 等, 1986. 玉米种质资源苗期抗涝性的鉴定 [J]. 作物品种资源 (4): 22-24.

马一铭, 陈闯, 耿爽, 等, 2018. 甜玉米孤雌生殖诱导单倍体 [J]. 分子植物育种, 16 (21): 7099-7103.

孟义江, 宋占权, 魏俊杰, 等, 2000. 玉米耐盐基因型的筛选 [J]. 河北农业科学, 4 (4): 4.

莫润秀, 黄开健, 黄爱花, 等, 2019. 20 个 CIMMYT 耐低氮玉米自交系主要性状的配合力分析 [J]. 西南农业学报, 32 (12): 2732-2739.

穆平, 2017. 作物育种学 [M]. 北京: 中国农业大学出版社.

聂永心, 杨爱国, 潘光堂, 等, 2005. 四川省 32 个常用玉米自交系产量性状配合力分析 [J]. 山东农业科学 (3): 16-18.

潘光堂, 杨克诚, 李芦江, 等, 2024. 西南山地玉米育种新一轮骨干自交系 SCML0849 的选育与应用 [J]. 玉米科学, 32 (3): 1-8.

潘光堂, 杨克诚, 李晚忱, 等, 2020. 我国西南玉米杂种优势群及其杂优模式研究与应用的回顾 [J]. 玉米科学, 28 (1): 1-8.

潘敏娜，郑常祥，2023．25个玉米自交系配合力分析［J］．种子，42（3）：126-132．

潘顺祥，赵美爱，裴玉贺，等，2017．玉米雄穗长的全基因组关联分析［J］．华北农学报，32（5）：31-36．

钱德杞，边立琪，陈昌颐，1982．遗传学基础和育种原理［M］．北京：农业出版社．

任源，林彦萍，2022．玉米细胞核雄性不育基因的研究进展及其在玉米育种中的应用［J］．分子植物育种，20（12）：3959-3973．

尚玘玘，张德贵，王凯欣，等，2020．我国玉米自交系茎秆性状多样性分析［J］．植物遗传资源学报，21（2）：321-329．

石海春，周国昌，郭莉，等，2017．不同世代玉米株系配制组合产量杂种优势表现规律研究［J］．四川农业大学学报，35（3）：294-299，374．

石太渊，杨立国，王颖，等，2000．药剂诱导玉米孤雌生殖的研究［J］．杂粮作物（1）：17-20．

时成俏，覃永嫒，王兵伟，等，2018．高产优质多抗热带玉米新品种桂单162的选育研究［J］．种子，37（7）：96-101．

宋方威，彭惠茹，刘婷，等，2011．利用三重测交群体剖析玉米株高与穗位高杂种优势的遗传学基础［J］．作物学报，37（7）：1186-1195．

宋同明，1992．高油玉米［M］．北京：北京农业大学出版社．

苏桂华，苏义臣，金明华，2014．高密度鉴选技术在玉米群体改良中的应用［J］．现代农业科技（3）：54．

苏天增，李建生，刘杭，等，2020．大京九7个青贮玉米杂交种及杂优模式分析［J］．种子，39（8）：119-123，167．

孙琦，李文兰，陈立涛，等，2016．植物全基因组选择技术的研究进展及其在玉米育种上的应用（英文）［J］．西北植物学报，36（6）：1269-1277．

孙琦，谭业杰，孟红，等，2023．玉米自交系lx9801的选育、应用及改良［J］．玉米科学，31（3）：9-15．

孙祎振，崔心刚，2001．糯玉米自交系配合力分析及RAPD技术预测杂种优势［J］．北京农学院学报（3）：1-12．

孙永祥，刘廷辉，郭巍，等，2010．对粉纹夜蛾高毒力cry9Ea基因的克隆及表达［J］．微生物学报，50（5）：601-605．

谭禾平，谢传晓，赵文明，等，2022．"三步选择"法在优质多抗鲜食玉米品种选育中的应用［J］．分子植物育种，20（15）：5088-5096．

谭君，2003. 四川常用玉米自交系、杂交种的SSR指纹图谱构建［D］. 雅安：四川农业大学.

汤飞宇，丁菲，王国英，2004. 利用SSR标记检测来源于玉米孤雌生殖的双单倍体［J］. 江西农业大学学报（6）：859-862.

唐微，林拥军，张启发，2004. 转Bt基因抗虫水稻的培育［C］//湖北省遗传学会. 湖北省遗传学会第七次代表大会暨学术讨论会论文摘要集. 武昌：79.

汪静，荣廷昭，潘光堂，等，2022. 玉米太空诱变新材料选育的理论与实践［J］. 玉米科学，30（4）：1-7，15.

汪黎明，孟昭东，齐世军，2020. 中国玉米遗传育种［M］. 上海：上海科学技术出版社.

王春英，张秀清，1996. 玉米杂交种及自交系抗盐性的鉴定［J］. 玉米科学，4（2）：4.

王高鸿，杜艳伟，李颜芳，等，2018. 玉米杂交种奥利66号选育技术路线探析［J］. 种子，37（4）：106-108.

王洪振，于佳鑫，刘强，等，2019. CRISPR/Cas9基因编辑技术在玉米育种中的应用［J］. 分子植物育种，17（20）：6696-6704.

王金艳，马骏，孙楠，等，2015. 药剂诱导孤雌生殖玉米育种技术研究［J］. 辽宁农业科学（1）：15-18.

王景雪，孙毅，刘少翔，等，1997. 油菜下胚轴高频率植株再生因素研究［J］. 作物学报，2（3）：376-379.

王凯欣，程子萌，杨艺涵，等，2021. 我国不同年代玉米自交系茎秆性状演替规律［J］. 植物遗传资源学报，22（1）：157-164.

王丽丽，邓昆鹏，杨翔宇，等，2017. 糯玉米DH系主要农艺性状的遗传研究［J］. 种子，36（12）：1-4，9.

王楠，李穆，路明，等，2019. 美国先锋公司玉米品种在我国的应用分析［J］. 作物杂志（4）：24-29.

王天宇，郭向阳，祝云芳，等，2021. 贵州地方玉米种质群体在改良中的遗传潜势分析［J］. 种子，40（11）：101-106.

王天宇，祝云芳，郭向阳，等，2022. 玉米新品种金玉2208的选育实践与思考［J］. 种子，41（7）：114-118.

王雪，马铁民，杨涛，等，2018. 基于近红外光谱的灌浆期玉米籽粒水分小样本定量分析［J］. 农业工程学报，34（13）：203-210.

王元东, 赵久然, 付修义, 等, 2020. 黄欧系玉米育种应用探索与分析 [J]. 植物遗传资源学报, 21 (4): 866-874.

文科, 黎亮, 刘玉强, 等, 2006. 高效生物诱导玉米单倍体及其加倍方法研究初报 [J]. 中国农业大学学报, 11 (5): 17-20.

吴敏生, 戴景瑞, 王守才, 1999. RAPD 在玉米品种鉴定和纯度分析中的应用 [J]. 作物学报, 25 (4): 489-493.

吴鹏昊, 任姣姣, 田小龙, 等, 2016. 玉米单倍体自然二倍化研究 [J]. 中国农业大学学报, 21 (1): 1-7.

肖颖妮, 于永涛, 谢利华, 等, 2022. 基于 SNP 标记揭示中国鲜食玉米品种的遗传多样性 [J]. 作物学报, 48 (6): 1301-1311.

谢惠玲, 郭战勇, 陈伟程, 等, 2021. 玉米品种群的育种策略与应用 [J]. 玉米科学, 29 (6): 1-4.

邢政, 姜龙, 王薪淇, 等, 2017. Tg29 诱导糯玉米单倍体的效率及 DH 系鉴定 [J]. 西北农林科技大学学报 (自然科学版), 45 (12): 38-43.

许洛, 王绍新, 冯健英, 等, 2017. 基于 SSR 遗传标记的玉米骨干亲本黄早四传递到衍生系的重要基因组区段分析 [J]. 江苏农业科学, 45 (19): 132-138.

薛守旺, 周洪生, 邓迎海, 等, 1998. 化学诱变及其在玉米育种上的应用 [J]. 玉米科学, 6 (2): 10-13, 17.

严建兵, 赵久然, 2023. 密植高产——我国玉米育种的最核心目标 [J]. 生物技术通报, 39 (8): 1-3.

杨明花, 廖必勇, 刘强, 等, 2021. 新疆伊犁玉米自交系种质资源主要农艺性状的多样性分析 [J]. 种子, 40 (10): 49-55.

杨翔宇, 姜龙, 牟琪, 等, 2018. 糯玉米单倍体自然加倍特性的研究 [J]. 种子, 37 (4): 92-95.

杨赞林, 1981. 农作物杂种优势利用 [M]. 合肥: 安徽科学技术出版社.

于大伟, 朱猛, 员海燕, 2022. 玉米气生根性状与抗倒性的关系 [J]. 西北农林科技大学学报 (自然科学版), 50 (1): 91-97.

余桂容, 杜文平, 宋军, 等, 2010. 基因枪介导抗除草剂基因 *2mG2-epsps* 转化玉米的初步研究 [J]. 分子植物育种, 8 (5): 885-890.

袁力行, 傅骏骅, 刘新芝, 等, 2000. 利用分子标记预测玉米杂种优势的研究 [J]. 中国农业科学, 33 (6): 6-12.

袁文娅, 赵晓雷, 周旭梅, 等, 2020. *waxy* 基因功能标记开发及在糯玉米育种中的应用［J］．作物杂志（4）：99-106．

张丰，杨珊，王礼慧，等，2024．贵州省30份地方玉米种质的产量与品质性状分析［J］．江苏农业科学，52（15）：92-99．

张俊雄，武占元，宋鹏，等，2013．玉米单倍体种子胚部特征提取及动态识别方法［J］．农业工程学报，29（4）：199-203．

张强，赵振宇，李平华，2024．基因编辑技术在玉米中的研究进展［J］．植物学报，59（6）：978-998．

张万祥，马桂林，张永辉，2015．饲用玉米引种试验及其营养价值比较［J］．甘肃畜牧兽医，45（9）：40-41．

赵东波，管培燕，王春雨，等，2022．双向轮回选择为核心的玉米育种体系构建［J］．玉米科学，30（4）：16-21．

赵海军，史佳晴，王彬，等，2023．150份玉米自交系籽粒及其品质性状的综合评价［J］．河南农业科学，52（5）：33-39．

赵海燕，王腾飞，续创业，等，2023．西北旱塬区玉米品种表型聚类分析及适应性评价［J］．玉米科学，31（5）：56-63．

赵欣悦，湛东武，周富亮，等，2024．中波紫外线辐照对甜玉米种子萌发的影响及转录组分析［J］．西北农林科技大学学报（自然科学版），52（11）：1-12．

赵永亮，宋同明，马惠平，1999．利用花粉化学诱变快速创造特用玉米新种质［J］．作物学报，25（2）：157-161．

赵佐宇，谷明光，1984．药物诱导玉米孤雌生殖获得二倍体纯系［J］．遗传学报，11（1）：39-46．

周洪生，邓迎海，李竞雄，1997．玉米（*Zea mays* L.）× 大刍草（*Zea diploperennis* L.）远缘杂交选育玉米自交系的研究［J］．作物学报，23（3）：333-337．

朱猛，于大伟，员海燕，2022．抗旱型玉米苗期根系性状的主基因，多基因遗传模型分析［J］．西北农林科技大学学报（自然科学版），50（1）：81-90．

邹成林，谭华，黄开健，等，2022．24份热带玉米自交系主要农艺性状的遗传效应分析［J］．西南农业学报，35（7）：1500-1508．

邹德秀，1995．世界农业科学技术史［M］．北京：中国农业出版社．

BARRANGOU R, FREMAUX C, DEVEAU H, et al., 2007. Crispr provides acquired resistance against viruses in prokaryotes[J]. Science, 245(315): 181-183.

BARRET P, BRINKMANN M, BECKERT M, 2008. A major locus expressed in the male gametophyte with incomplete penetrance is responsible for *in situ* gynogenesis in maize [J]. Theoretical and Applied Genetics, 117(4): 200-207.

BATLEY J, BARKER G, O' SULLIVAN H, et al., 2003. Mining for single nucleotide polymorphisms and insertions/ deletions in maize expressed sequence tag data [J]. Plant Physiology, 132(1): 125-133.

BÉLANGER G, ZIADI N, LAJEUNESSE J, et al., 2017. Shoot growth and phosphorus–nitrogen relationship of grassland swards in response to mineral phosphorus fertilization[J]. Field Crops Research, 204: 31-41.

BOOTE B W, FREPPON D J, DE L F, et al., 2016. Haploid differentiation in maize kernels based on fluorescence imaging[J]. Plant Breeding, 135(4): 441-445.

BRUNELLE D C, SHERIDAN W F, 2014. The effects of varying chromosome arm dosage on maize plant morphogenesis[J]. Genetics, 198(1):141-147, 159.

CHALYK T S, ROTARENCO A V, 2001. The Use of matroclinous maize haploids for recurrent selection[J]. Russian Journal of Genetics, 37(12): 1382-1387.

CHASE S S, 1969. Monoploids and monoploid-derivatives of maize (*Zea mays* L.) [J]. Botanical Review, 35(2): 529-538.

COMAI L, SEN L C, STALKER D M, 1983. An altered aroAgene product confers resistance to the herbicide glyphosate[J]. Science, 221(4608): 485-498.

D G, L H L, X T, et al., 2014. Cassava (*Manihot esculenta* Krantz) genome harbors KNOX genes differentially expressed during storage root development [J]. Genetics and molecular research: GMR, 13(4): 10714-10726.

DONG X, XU X, MIAO J, 2013. Fine mapping of *qhir1* influencing *in vivo* haploid induction in maize [J]. Theoretical and Applied Genetics, 126(7): 42-53, 2287-2301.

FEHER K, LISEC J, RMISCH-MARGL L, et al., 2014. Deducing hybrid performance from parental metaboli profiles of young primary roots of maize by using a multivariate diallel approach [J]. PLoS ONE, 9(1): 15-18.

FIRE A, XU S, MONTGOMERY M K, et al., 1998. Potent and specific genetic interference by double-stranded RNA in *Caenorhabditis elegans*[J]. Nature, 391(6669): 281-290.

FRAME B R, SHOU H X, CHIKWAMBA R K, et al., 2002. *Agrobacterium tumefaciens*-mediated transformation of maize embryos using a standard binary vector system [J]. Plant Physiology, 175(129): 57-65.

GAYEN K S, ZEVALLOS E M, ALRUBAIEE M, et al., 1998. Two-dimensional near-infrared transillumination imaging of biomedical media with a chromium-doped forsterite laser[J]. Applied Optics, 37(21/24): 5327-5336.

GOULD J, DEVEY M, HASEGAWA O, et al., 1991. Transformation of *Zea mays* L. using *Agrobacterium tumefaciens* and the shoot apex [J]. Plant Physiology, 95(2): 28-29.

GRAVES D J, TAYLOR K, 1986. A comparative study of *Geum rivale* L. and *G. urbanum* L. to determine those factors controlling their altitudinal distribution[J]. New Phytologist, 104(4): 681-691.

GRIMSLEY N, HOHN T, DAVIES W J, et al., 1987. Mediated delivery of infectious maize streak virus into maize plants[J]. Nature, 325(6100): 177.

HECK G R, ARMSTRONG C L, ASTWOOD J D, et al., 2005. Development and characterization of a CP4 EPSPS-based, glyphosate-tolerant corn event[J]. Crop Science, 45(1): 125-133.

HOUMARD N M, MAINVILLE J L, BONIN C P, et al., 2007. High-lysine corn generated by endo sperm-specific suppression of lysine catabolism using RNAi[J]. Plant Biotechnology Journal, 5(5): 605-614.

HU X, WANG, LI K, et al., 2017. Genome-wide proteomic profiling reveals the role of dominance protein experssion in heterosis in immature maize ears[J]. Scientific Reports, 1: 7-11.

HUANG W, HONG H, ZHANG S B, 2016. Photosynthesis and photosynthetic electron flow in the alpine Evergreen Species *Quercus guyavifolia* in winter[J]. Frontiers in Plant Science, 7: 1511.

ISHIDA Y, SAITO H, OHTA S, et al., 1996. High efficiency transformation of maize (*Zea mays* L.) mediated by *Agrobacterium tumefaciens*[J]. Nature Biotechnology, 14: 745-750.

JEANNEAU M, GERENTES D, FOUEILLASSAR X, et al., 2002. Improvement of drought tolerance in maize: towards the functional validation of the *Zm-Asr1* gene and increase of water use efficiency by over-expressing *C4-PEPC* [J]. Biochimie, 84(11): 299-301.

JONES R W, REINOT T, FREI U K, et al., 2012. Selection of haploid maize kernels from hybrid kernels for plant breeding using near-infrared spectroscopy and SIMCA analysis [J]. Applied Spectroscopy, 66(4): 147-157.

KAEPPLER H F, GU W, SOMERS D A, et al., 1990. Silicon carbide fiber-mediated DNA delivery into plant cells [J]. Plant Cell Reports, 9(8): 18-23.

KAROL M, JUDITA L, MARIÁN P, et al., 2002. Natural hybridization in Cardamine (Brassicaceae) in the Pyrenees: evidence from morphological and molecular data[J]. Botanical Journal of the Linnean Society, 139(3): 275-294.

KLEIBER D, PRIGGE V, MELCHINGER E A, et al., 2012. Haploid fertility in temperate and tropical maize germplasm[J]. Crop Science, 52(2): 623-630.

LI H, PENG Z, YANG X, et al., 2012. Genome-wide association study dissects the genetic architecture of oil biosynthesis in maize kernels [J]. Nature Genetics, 45(1): 111-113.

LI L, XU X, JIN W, et al., 2009. Morphological and molecular evidences for DNA introgression in haploid induction via a high oil inducer CAUHOI in maize [J]. Planta, 230(2): 44-52.

LI X, MENG D, CHEN S, et al., 2017. Single nucleus sequencing reveals spermatid chromosome fragmentation as a possible cause of maize haploid induction [J]. Nature Communications, 8(1): 21-26.

LI Y, ZHENG L, CORKE F, et al., 2008. Control of final seed and organ size by the DA1 gene family in *Arabidopsis thaliana*[J]. Genes & Development, 22(10): 29-538.

LI Z, ZHANG X, ZHAO Y, et al., 2018. Enhancing auxin accumulation in maize root tips improves root growth and dwarfs plant height[J]. Plant Biotechnology Journal, 16(1): 451-466.

LIU C, LI X, MENG D, et al., 2017. A 4-bp insertion at *ZmPLA1* encoding a putative phospholipase A generates haploid induction in maize[J]. Molecular Plant, 10(3): 459-469.

LIU C, WENG J, ZHANG D, et al., 2014. Genme-wide association study of resistance to rough dwarf disease in maize[J]. European Journal of Plant Pathology, 139: 213-217.

LIU X, ZHAI S, ZHAO Y, et al., 2013. Overexpression of the phosphatidylinositol synthase gene (*ZmPIS*) conferring drought stress tolerance by altering membrane lipid composition and increasing ABA synthesis in maize [J]. Plant, Cell & Environment, 36(5): 2287-2301.

LIU Z, WANG Y, REN J, et al., 2016. Maize Doubled Haploids[M]//Janik J. Plant Breeding Re-views. Hoboken: Wiley-Blackwell.

LONGIN C F H, HF U, REIF J C, et al., 2008. Hybrid maize breeding with doubled haploids: I. One-stage versus two-stage selection for testcross performance[J]. Theoretical and Applied Genetics, 117: 251-260.

LU X, LIU J, REN W, et al., 2018. Gene-indexed mutations in maize [J]. Molecular Plant, 11(3): 169-174.

LUPOTTO E, REALI A, PASSERA S, et al., 1999. Maize elite inbred lines are susceptible to *Agrobacterium tumefaciens*-mediated transformation [J]. Maydica (44): 281-285.

LUSARDI M C, NEUHAUS-URL G, POTRYKUS I, et al., 1994. An approach towards genetically engineered cell fate mapping in maize using the *Lc* gene as a visible marker: transactivation capacity of Lc vectors in differentiated maize cells and microinjection of Lc vectors into somatic embryos and shoot apical meristems[J]. Plant Journal, 5(4): 120-124.

LYZNIK A L, MCGEE D J, TUNG P, et al., 1991. Homologous recombination between plasmid DNA molecules in maize protoplasts[J]. Molcular and General Genetics MGG, 230: 209-218.

MA H, LIU C, LI Z, et al., 2018. ZmbZIP4 contributes to stress resistance in maize by regulating ABA synthesis and root development [J]. Plant Physiology, 178(2): 753-770.

MA Z H, QIN Y, WANG Y, et al., 2015. Morphological and molecular characterization of *Fusarim* isolated from maize in Syria[J]. Journal of Phytopathology, 161: 7-8.

MARCON C, LAMKEMEYER T, MALIK W A, et al., 2013. Heterosis-associated proteome analyses of maize (*Zea mays* L.) seminal roots by quantitative label-free LC-MS[J]. Journal of Proteomics, 93: 17-23.

MARCON C, SHÜTZENMEISTER A, SCHÜTZ W, et al., 2010. Nonadditive protein accumulation patterns in Maize (*Zea mays* L.) hybrids during embryo development [J]. Journal of Proteome Research, 9(12): 6511-6522.

MURRY L E, ELLIOTT L G, CAPITANT S A, et al., 1993. Transgenic corn plants expressing MDMV strain B coat protein are resistant to mixed infections of maize dwarf mosaic virus and maize chlorotic mottle virus[J]. Nature Biotechnology,

11(13): 300-307.

NELSON D E, REPETTI P P, ADAMS T R, et al., 2007. Plant nuclear factor Y(NF-Y) B subunits confer drought tolerance and lead to improved corn yields on water-limited acres[J]. PNAS, 104(42): 1-6.

NEUFFER M G, FICSOR G, 1963. Mutagenic action of ethyl methanesulfonate in maize [J]. Science, 139(3561): 171-180.

NIE H S, LI S P, SHAN X H, et al., 2015. Analysis of gene expression patterns and levels in maize hybrids and their parents[J]. Genetics and Molecular Research, 14(4): 1-10.

NUCCIO M L, WU J, MOWERS R, et al., 2015. Expression of trehalose-6-phosphate phosphatase in maize ears improves yield in well-watered and drought conditions[J]. Natrue Biotechnology, 33(8): 862-869.

OLIVEIRA J H Z, BRASIL M N A D, EVERALDO Z, et al., 2013. Inputs of heavy metals due to agrochemical use in tobacco fields in Brazil's southern region[J]. Environmental Monitoring and Assessment, 185(3): 2423-2437.

PASCHOLD A. LARSON N B. MARCON C. et al., 2014. Nonsyntenic genes drive highly dynamic complementation of gene expression in maize hybrids [J]. Plant Cell, 26(10): 439-449.

PETERSON B K, WEBER J N, KAY E H, et al., 2012. Double digest RADseq: an inexpensive method for *de novo* SNP discovery and genotyping in model and non-model spe-cies [J]. PLoS ONE, 7(5): 45-52.

PRIGGE V, XU X, LI L, et al., 2012. New insights into the genetics of *in vivo* induction of maternal hapoids, the backbone of doubled haploid technology in maize [J]. Genetics, 190(2): 1771-1786.

QIN F, KAKIMOTO M, SAKUMA Y, et al., 2007. Regulation and functional analysis of *ZmDREB2A* in response to drought and heat stresses in *Zea mays* L. [J]. Plant Journal, 50(1): 116-129.

QIN J, SCHEURING C F, WEI G, et al., 2013. Identification and characterization of a repertoire of genes differentially expressed in developing top ear shoots between a superior hybrid and its par parental inbreds in *Zea mays* L. [J]. Molecular Genetics and Genomics, 288(12): 29-41.

QUAN R, SHANG M, ZHANG H, et al., 2004. Improved chilling tolerance by transformation with *betA* gene for the enhancement of glycinebetaine synthesis in maize[J]. Plant Science, 166(1): 46-52.

RAFALSKI J A. TINGEY S V. 1993. Genetic diagnostics in plant breeding: RAPDs, microsatellites and machines[J]. Trends in Genetics, 9(8): 74-79.

RANDOLPH L F, 1940. Note on haploid frequencies [J]. Maize Genetics Cooperation News-letter (14): 451-466.

RIEDELSHEIMER C, CZEDIK-EYSENBERG A, GRIEDER C, et al., 2012. Genomic and metabolic prediction of complex heterotic traits in hybrid maize [J]. Nature Genetics, 44(2): 106-115.

SEGAL G, SONG R, MESSING J, 2003. A new opaque variant of maize byasingle dominant RNA-interference-inducing transgene [J]. Genetics, 165(1): 1750-1761.

SHAH D M, HORSCH R B, KLEE H J, et al., 1986. Engineering herbicide tolerance in transgenic plants[J]. Science, 233(4762): 192-202.

SHOU H, BORDALLO P, WANG K, 2004. Expression of the Nicotiana protein kinase (NPK1) enhanced drought tolerance in transgenic maize[J]. Jorunal of Experimental Botany, 55(399): 203-210.

SHUKLA V K, DOYON Y, MILLER J C, et al., 2009. Precise genome modification in the crop species *Zea mays* using zinc-finger nucleases[J]. Nature, 459(7245): 437-441.

SINGH S, BOOTE J K, ANGADI V S, et al., 2017. Estimating water balance, evapotranspiration and water use efficiency of spring safflower using the CROPGRO model[J]. Agricultural Water Management, 185: 137-144.

SMITH O S, SMITH J S C, BOWEN S L, et al., 1990. Simlarities among a group of elite maize inbreds as measured by pedigree, F_1 grain yield, grain yield heterosis, and RFLPs[J]. Theoretical and Applied Genetics, 80(6): 833-840.

SONG Y, ZHANG Z, TAN X, et al., 2016. Association of the molecular regulation of ear leaf senescence/stress response and photosynthesis/metabolism with heterosis at the repro-ductive stage in maize. Scientific Reports (6): 125-129.

SPRINGER N M, STUPAR R M, 2007. Allele-specific expression patterns reveal biases and embryo-specific parent-of-origin effects in hybrid maize[J]. The Plant Cell, 19(8): 2391-2402.

SVITASHEV S, YOUNG J, SCHWARTZ C, et al., 2015. Targeted mutagenesis, precise gene editing, and site-specific gene insertion in maize using Cas9 and guide RNA[J]. Plant Physiology, 169(2): 126-142.

TANG J H, YAN J B, MA X Q, et al., 2010. Dissection of the genetic basis of heterosis in an elite maize hybrid by QTL mapping in an immortalized F population[J]. Theoretical and Applied Genetics, 120(2): 179-191.

TANG J, VOSMAN B, VOORRIPS R E, et al., 2006. Quality SNP: a pipeline for detecting single nucleotide polymorphisms and insertions deletions in EST data from diploid and polyploid species[J]. BMC Bioinformatics, 7: 438.

TANG B, XU S Z, ZOU X L et al., 2010. Changes of antioxidative enzymes and lipid peroxidation in leaves and roots of water logging-tolerant and water logging-sensitive maize genotypes at seedling stage[J]. Journal of Integrative Agricaluture 9(5): 651-661.

TECHNOW F, SCHRAG T A, SCHIPPRACK W, et al., 2014. Genome properties and prospects of genomic prediction of hybrid performance in a breeding program of maize [J]. Genetics, 197(4): 167-175.

TESTILLANO P, GEORGIEV S, MOGENSEN H L, et al., 2004. Spotaneous chromosome doubling results from nuclear fusion during *in vitro* maize induced microspore embryogenesis[J]. Chromosoma, 112: 401-415.

THORNSBERRY, J, GOODMAN, M, DOEBLEY, J, et al., 2001. *Dwarf8* polymorphisms associate with variation in flowering time[J]. Nature Genetics, 28(3): 286-289.

TIMOTHY K, DAKOTA S, LEE R, et al., 2017. MATRILINEAL, a sperm-specific phospholipase, triggers maize haploid induction. [J]. Nature, 542(7639): 105-109.

TINKER N A, YAN W, 2006. Information systems for crop performance data[J]. Canadian Joural of Plant Science, 86(3): 116-129.

TRUONG ANDRE I, DEMARLY Y, 1984. Obtaining plants by *in vitro* culture of unfertilized maize ovaries(*Zea mays* L.) and preliminary studies on the progeny of a gynogenetic plant[J]. Journal of Plant Breeding, 92:4-8.

TYRNOV V S, ZAVALISHINA A N, 1984. Inducing high frequency of matroclinal haploids in maize [J]. Doklady Akademii Nauk SSSR, 276(3): 37-39.

WANG B, LI Z, RAN Q, et al., 2018. *ZmNF-YB16* overexpression improves drought resistance and yield by enhancing photosynthesis and the antioxidant capacity of maize plants[J]. Frontiers in Plant Science, 9: 709.

WANG C J, CHEN C C, 2005. Cytogenetic mappingg in maize [J]. Cytogenetic & Genome Research, 109(1-3): 485-489.

WANG C L, CHENG F F, SUN Z H, et al., 2008. Genetic analysis of photoperiod sensitivity in a tropical by temperate maize recombinant inbred population using molecular markers[J]. Theoretical and Applied Genetics, 117(7): 1129-1139.

WANG C Q, LI R C, 2008. Enhancement of superoxide dismutase activity in the leaves of white clover (*Trifolium repens* L.) in response to polyethylene glycol-induced water stress[J]. Acta Physiologiae Plantarum, 30(6): 841-847.

WANG C R, YANG A F, YUE G D, et al., 2008. Enhanced expression of phospholipase C 1(*ZmPLC1*)improves drought tolerance in transgenic maize[J]. Planta, 227(5): 41-48.

WANG D G, FAN J B, SIAO C J, et al., 1998. Large scale identification, mapping, and genotyping of single nucleotide polymorphism in the human genome[J]. Science, 280: 53-66.

WANG Q, LI F, ZHAO L, et al., 2010. Effects of irrigation and nitrogen application rates on nitrate nitrogen distribution and fertilizer nitrogen loss, wheat yield and nitrogen uptake on a recently reclaimed sandy farmland[J]. Plant and Soil, 337(1/2): 325-339.

WEDZONY M, ROBER F K, GEIGER H H, 2002. Chromosome elimination observed in selfed progenies of maize inducer line RWS: 7th International Congress on Sex Plant Reproduction[C]. Lublin: Maria Curie-Sklodowska University Press.

WESTHUES M, SCHRAG T A, HEUER C, et al., 2017. Omics-based hybrid prediction in maize [J]. Theoretical and Applied Genetics, 130(9): 75-84.

WU P H, REN J, LI L, et al., 2014. Early spontaneous diploidization of maternal maize haploids generated by *in vivo* haploid induction[J]. Euphytica, 200(1): 14-24.

WU Y, SAN VICENTE F, HUANG K, et al., 2016. Molecular characterization of CIMMYT maize inbred lines with genotyping-by-sequencing SNPs [J]. Theoretical and Applied Genetics (129): 4.

XING H L, DONG L, WANG Z P, et al., 2014. A CRISPR/ Cas9 toolkit for multiplex genome editing in plants[J]. BMC Plant Biology (14): 115-125.

XU X W, LI L, DONG X, et al., 2013. Gametophytic and zygotic selection leads to segregation distortion through *in vivo* induction of a maternal haploid in maize

[J]. Jorunal of Experimental Botany, 64(4): 1272-1281.

YANG P Z, ZHONG G X, HONG X, et al., 2011. Research on background and utilization of germplasm resources in maize. Agricultural Science & Technology, 12(10): 1464-1467.

YANG Y, XIUSHI Y, JING T, et al., 2013. Antioxidant and antidiabetic activities of black mung bean (*Vigna radiata* L.)[J]. Journal of Agricultural and Food Chemistry, 61(34): 8104-8109.

YIN X Y, YANG A F, ZHANG K W, et al., 2004. Production and analysis of transgenic maize with improved salt tolerance by the introduction of *AtNHX1* gene[J]. Acta Botanica Sinica, 46(7): 908-918.

YUE J, LI C, ZHAO Q, et al., 2014. Seed-specific expression of a lysine-rich protein gene, *GhLRP*, from cotton significantly increases the lysine content in maize seeds[J]. International Journal of Molecular Sciences, 15(4): 84-88.

ZHANG D F, LIU Y, GUO Y, et al., 2012. Fine-mapping of *qRfg2*, a QTL for resistance to Gibberella stalk rot in maize [J]. Theretical and Applied Genetics, 124(3): 7-12.

ZHANG S, LI N, GAO F, et al., 2010. Over-expression of *TsCBF1* gene confers improved drought tolerance in transgenic maize[J]. Molecular Breeding, 26(3): 221-228.

ZHANG S, LIU X, LIN Y, et al., 2011. Characterization of a *ZmSERK* gene and its relationship to somatic embryogenesis in a maize culture [J]. Plant Cell, Tissue and Organ Culture, 105(1): 1-7, 16.

ZHANG X, PEREZ-RODRIGUEZ P, SEMAGN K, et al., 2015. Genomic prediction in biparental tropical maize populations in water-stressed and well-watered environments using low density and GBS SNPs[J]. Heredity, 114(3): 40-42.

ZHAO X, CHAI Y, LIU B, 2007. Epigenetic inheritance and variation of DNA methylation level and pattern in maize intra-specific hybrid[J]. Plant Scientific, 5: 163-172.

ZHAO Z Y, GU W, CAI T, et al., 2002. High throughput genetic transformation mediated by *Agrobacterium tumefaciens* in maize [J]. Molecular Breeding, 8(4): 323-333.